高等职业教育电子信息类新形态一体化教材

模拟电子技术基础
（第2版）

蔡大华　主编

清华大学出版社
北　京

内 容 简 介

本书为高等职业教育电子信息类新形态教材。全书共8章,内容包括常用半导体器件、放大电路、放大电路中的负反馈、集成运算放大器及其应用、低频功率放大电路、正弦波信号振荡电路、直流稳压电源、模拟电子电路的读图。各章附有小结,并提出本章应掌握的实验技能要求。例题和习题的内容力求以实际应用电路为主,避免繁杂的理论推导和计算,做到保证基础、适当提高。本书配套了电子课件(PPT)、习题参考答案、综合测试及答案等,并针对重点和难点内容配套了仿真或动画。

本书既可作为电气、电子、信息及其他相近专业模拟电子技术课程的教学用书,也可作为电子技术工程人员的参考书。

图书在版编目(CIP)数据

模拟电子技术基础/蔡大华主编. —2版. —北京:清华大学出版社,2022.7
高等职业教育电子信息类新形态一体化教材
ISBN 978-7-302-61291-9

Ⅰ. ①模… Ⅱ. ①蔡… Ⅲ. ①模拟电路-电子技术-高等职业教育-教材 Ⅳ. ①TN710.4

中国版本图书馆 CIP 数据核字(2022)第 121953 号

责任编辑:刘翰鹏
封面设计:常雪影
责任校对:刘 静
责任印制:朱雨萌

出版发行:清华大学出版社
  网 址:http://www.tup.com.cn,http://www.wqbook.com
  地 址:北京清华大学学研大厦 A 座 邮 编:100084
  社 总 机:010-83470000 邮 购:010-62786544
  投稿与读者服务:010-62776969,c-service@tup.tsinghua.edu.cn
  质量反馈:010-62772015,zhiliang@tup.tsinghua.edu.cn
  课件下载:http://www.tup.com.cn,010-83470410
印 装 者:三河市龙大印装有限公司
经 销:全国新华书店
开 本:185mm×260mm 印 张:10.25 字 数:247千字
版 次:2008年5月第1版 2022年8月第2版 印 次:2022年8月第1次印刷
   (附试卷2张)
定 价:39.00元

产品编号:097604-01

第 2 版前言

模拟电子技术是整个电子技术和电力技术的基础,在信号放大、功率放大、整流稳压、模拟量反馈、混频、调制解调电路等领域具有不可替代的作用。模拟电子技术的进步,推进了模拟电视的快速发展,加快了电子产品的更新换代,推动了高效节能和自动化技术的发展。"模拟电子技术基础"是电类各专业的入门课程,目标是理解如何利用半导体器件和外围器件构成的电路对模拟信号进行处理,其理论性与实践性较强,知识点和技能点既分散又系统。

为适应新形态教材建设要求,本书在第 1 版的基础上进行了修订,具体修订思路如下。

(1) 优化内容设计。由于电子技术发展日新月异、内容繁多,且教学时数有限,因此本书在保证基本概念、基本原理和基本分析方法的前提下,力求精选内容,减少分立元件的内容,加强集成运算放大器、集成功率放大器、集成稳压电源的内容和应用,贯彻"分立为集成服务"的原则;而对于集成内部电路的分析不做过多的介绍。

(2) 增强实用性。本书力图做到理论联系实际,学以致用;淡化公式推导,重在讲述元器件、电子电路在实际中的应用和掌握基本分析工具、基本分析方法;元器件重在外特性、引脚识别、使用注意事项等知识。

(3) 遵循职业教育教学规律。本书加强了对基本概念的阐述,但坚持以定性为主,避免了过于理性的、严格的演义。讲述元件、器件时着重突出其外部特性和正确选用,讲述电路时着重突出其功能和应用。全书力求做到由浅入深、由易到难,循序渐进,符合教学规律。

(4) 遵循职业教育人才成长规律。本书的习题和例题丰富,着眼于分析和应用,不过分强调解析能力;同时加强了电子电路读图能力培养,以期培养学生的工程适应能力。

(5) 配套资源丰富。本书针对重点和难点内容配套了仿真或动画,便于学习者通过直观感受进行理解,扫描书中的二维码即可观看。为了便于教学,本书配套了电子课件(PPT)、习题参考答案、综合测试及答案等内容,教师可以与清华大学出版社联系获取。

(6) 本书力求语言通顺、文字流畅、图文并茂、可读性强,以利于学生自学。

　　本书由南京工业职业技术大学蔡大华担任主编,并编写了第 1、3、4、5、8 章;严明良编写了第 7 章;刘颖、王元编写了第 2 章;王丹编写了第 6 章;李从宏编写了附录仿真软件;张琪、倪英参加了本书的绘图工作。

　　由于编者的学识和水平有限,书中难免有错误和不妥之处,恳请广大读者批评、指正。

编　者

2022 年 2 月

本书常用符号说明

A 增益、放大倍数

A_u 电压增益

A_i 电流增益

A_{ud} 差模电压增益

A_{uc} 共模电压增益

A_{od} 开环电压增益

A_{uf} 闭环电压增益

BW   频带宽度(通频带)

C_e 发射极的旁路电容

C_{be} 基极-发射极电容

C_{bc} 基极-集电极电容

C_f 反馈电容

C(c)   三极管的集电极

D(d)   场效应管的漏极

D 占空比

E(e)   三极管的发射极

F 反馈系数

f 频率

f_L 放大器下限频率

f_H 放大器上限频率

f_T 三极管的特征频率

f_α 三极管的共基极截止频率

f_β 三极管共射截止频率

G(g)   场效应管的栅极

g_m 低频跨导

GND   地

I(i)   电流

I_{CBO} 发射极开路 c-b 间反向饱和电流

I_{CEO} 基极开路 c-e 间反向饱和电流

i_i 交流输入电流

I_i 交流输入电流的有效值

i_o 交流输出电流

I_o 交流输出电流的有效值

I_L 负载电流

I_{IB} 输入偏置电流

I_{IO} 输入失调电流

I_F 整流电流

I_R 反向电流

I_{ZM} 稳压管最大稳定电流

K_{CMR} 共模抑制比

P_o 输出功率

P_{om} 最大输出功率

P_c 集电极耗散功率

P_{CM} 集电极最大允许功率

R_L 负载电阻

r_{be} 共射接法 b-e 间的微变电阻

r_Z 稳压管动态电阻

R_i 放大电路交流输入电阻

R_o 放大电路交流输出电阻

R_f 反馈电阻

S_γ 稳压系数

U(u)   电压

U_F 二极管导通正向电压

U_s, u_s 交流信号源电压

U_i, u_i 交流输入电压

U_o 交流输出电压

$U_{o(AV)}$ 直流输出电压平均值

u_{id} 差模输入电压

u_{ic}　共模输入电压

U_T　温度的电压当量

U_{REF}　参考电压

U_{th}　死区电压或开启电压

$U_{GS(th)}$　增强型场效应管的开启电压

$U_{GS(off)}$　结型或耗尽型场效应管的夹断电压

U_{BEQ}　三极管发射结静态偏置电压

U_{CEQ}　三极管集电极-发射极静态电压

u_{CE}　包含交、直流成分的三极管集电极-发射极电压

U_{RM}　二极管最高反向工作电压

$U_{(BR)CBO}$　发射极开路时集电极-基极反向击穿电压

$U_{(BR)CEO}$　基极开路时集电极-发射极反向击穿电压

$U_{CE(sat)}$　三极管的饱和压降

U_Z　稳压管稳压值

V_{CC}　三极管的集电极电源

V_{EE}　三极管的发射极电源

V_{BB}　三极管的基极电源

V_{DD}　场效应管的漏极电源

X_i　一般输入量

X_{id}　净输入量

X_f　一般反馈量

X_o　一般输出量

α　三极管共基极法的电流放大系数

β　三极管共射接法的电流放大系数

η　效率

γ　纹波系数

目　录

第 1 章　半导体器件 ……………………………………………………………………… 1

1.1　半导体的基础知识 ………………………………………………………………… 1

1.1.1　半导体的特性 ……………………………………………………………… 1

1.1.2　本征半导体 ………………………………………………………………… 1

1.1.3　杂质半导体 ………………………………………………………………… 2

1.1.4　PN 结及导电特性 ………………………………………………………… 3

1.2　半导体二极管 ……………………………………………………………………… 4

1.2.1　二极管的结构、符号及类型 ……………………………………………… 4

1.2.2　二极管的伏安特性 ………………………………………………………… 5

1.2.3　二极管的主要参数 ………………………………………………………… 6

1.2.4　特殊用途二极管 …………………………………………………………… 6

1.3　半导体三极管 ……………………………………………………………………… 9

1.3.1　三极管的结构及符号 ……………………………………………………… 9

1.3.2　三极管的电流分配关系 …………………………………………………… 10

1.3.3　三极管的伏安特性 ………………………………………………………… 11

1.3.4　三极管的主要参数 ………………………………………………………… 13

1.4　场效应管 …………………………………………………………………………… 14

1.4.1　JFET 的结构及原理 ……………………………………………………… 15

1.4.2　JFET 的特性曲线 ………………………………………………………… 16

1.4.3　MOSFET 的结构及原理 ………………………………………………… 18

本章小结 …………………………………………………………………………………… 21

本章能力模块 ……………………………………………………………………………… 22

习题 ………………………………………………………………………………………… 23

第 2 章　放大电路 ……………………………………………………………………… 26

2.1　共射放大电路 ……………………………………………………………………… 26

2.1.1　共射基本放大电路的组成 ………………………………………………… 26

2.1.2　放大电路中各电量的表示方法 ·················· 27

2.2　放大电路的分析 ····················· 28

2.2.1　放大电路的静态分析 ·············· 29

2.2.2　放大电路的动态分析 ·············· 30

2.3　静态工作点的稳定电路 ·············· 34

2.3.1　温度对静态工作点的影响 ·············· 34

2.3.2　分压式偏置电路 ·············· 35

2.4　共集电极放大电路和共基极放大电路 ·············· 37

2.4.1　共集电极放大电路 ·············· 37

2.4.2　共基极放大电路 ·············· 40

2.5　多级放大电路 ·············· 42

2.5.1　多级放大电路的耦合方式 ·············· 42

2.5.2　多级放大电路的分析 ·············· 43

2.5.3　直接耦合放大电路存在的问题 ·············· 45

2.5.4　差动放大电路 ·············· 46

2.5.5　多级放大电路的频率特性 ·············· 52

2.6　场效应管放大电路 ·············· 54

2.6.1　场效应管的偏置电路 ·············· 55

2.6.2　场效应管的动态分析 ·············· 56

本章小结 ·············· 58

本章能力模块 ·············· 59

习题 ·············· 60

第 3 章　放大电路中的负反馈 ·············· 63

3.1　反馈 ·············· 63

3.1.1　反馈的基本概念 ·············· 63

3.1.2　反馈电路的类型 ·············· 65

3.2　负反馈对放大器性能的影响 ·············· 67

3.2.1　负反馈对电路的影响 ·············· 67

3.2.2　深度负反馈的分析 ·············· 70

本章小结 ·············· 72

本章能力模块 ·············· 72

习题 ·············· 73

第 4 章　集成运算放大器及其应用 ·············· 77

4.1　集成运算放大器简介 ·············· 77

　　　　4.1.1　集成电路的分类与封装 ································· 77
　　　　4.1.2　集成运算放大器及其基本组成 ··················· 77
　　　　4.1.3　集成运算放大器的主要性能指标 ·············· 79
　　　　4.1.4　集成运放的理想模型 ····························· 80
　　4.2　集成运算放大器的应用 ··································· 81
　　　　4.2.1　基本运算电路 ······································ 81
　　　　4.2.2　集成运算放大器的线性应用 ··················· 83
　　　　4.2.3　集成运算放大器的非线性应用 ················ 86
　　　　4.2.4　集成运算放大器在使用中需注意的问题 ········ 88
　　本章小结 ··· 89
　　本章能力模块 ··· 89
　　习题 ··· 90

第5章　低频功率放大电路 ··· 93
　　5.1　功率放大电路的特点及分类 ································ 93
　　　　5.1.1　功率放大电路的特点 ····························· 93
　　　　5.1.2　功率放大电路的分类 ····························· 94
　　5.2　互补对称功率放大电路 ··································· 94
　　　　5.2.1　OCL乙类互补对称功率放大电路 ·············· 94
　　　　5.2.2　甲乙类互补对称功率放大电路 ················ 97
　　　　5.2.3　准互补功率放大电路 ··························· 99
　　5.3　集成功率放大器 ·· 100
　　　　5.3.1　LM386集成功率放大器主要指标 ·············· 101
　　　　5.3.2　LM386应用电路 ································· 102
　　　　5.3.3　TDA2030专用集成功率放大器 ··············· 102
　　本章小结 ·· 103
　　本章能力模块 ·· 104
　　习题 ·· 104

第6章　正弦波信号振荡电路 ·· 106
　　6.1　正弦波信号振荡电路的基本概念 ······················ 106
　　　　6.1.1　产生自激振荡的条件 ·························· 106
　　　　6.1.2　正弦波振荡电路的组成 ······················· 107
　　　　6.1.3　振荡电路的起振与稳幅 ······················· 108
　　6.2　RC正弦波振荡电路 ····································· 108
　　6.3　LC正弦波振荡电路 ····································· 111
　　　　6.3.1　LC选频放大电路 ····························· 111
　　　　6.3.2　变压器反馈式LC振荡电路 ··················· 113
　　　　6.3.3　电感反馈式、电容反馈式LC振荡电路 ·········· 114

本章小结 ………………………………………………………………………… 117

本章能力模块 ……………………………………………………………………… 117

习题 ………………………………………………………………………………… 117

第7章　直流稳压电源 …………………………………………………………… 120

 7.1　直流稳压电源的组成 …………………………………………………… 120

  7.1.1　单相整流电路 …………………………………………………… 121

  7.1.2　滤波电路 ………………………………………………………… 124

  7.1.3　稳压电路及稳压电源的性能指标 ……………………………… 125

 7.2　串联反馈式稳压电路 …………………………………………………… 126

  7.2.1　串联反馈式稳压电路的组成及工作原理 ……………………… 126

  7.2.2　三端集成稳压器 ………………………………………………… 128

 7.3　开关式直流稳压电源 …………………………………………………… 129

  7.3.1　开关稳压电源的特点 …………………………………………… 129

  7.3.2　开关电路的工作原理 …………………………………………… 129

本章小结 ………………………………………………………………………… 132

本章能力模块 ……………………………………………………………………… 132

习题 ………………………………………………………………………………… 133

第8章　模拟电子电路的读图 …………………………………………………… 136

 8.1　电子技术电路读图的一般方法 ………………………………………… 136

 8.2　电子电路读图示例 ……………………………………………………… 137

 习题 ………………………………………………………………………………… 140

附录A　Multisim仿真软件 ……………………………………………………… 143

附录B　半导体分立器件型号命名方法 ………………………………………… 150

附录C　常用半导体分立器件的参数 …………………………………………… 151

附录D　半导体集成器件型号命名方法 ………………………………………… 153

附录E　常用半导体集成电路的参数和符号 …………………………………… 154

第 1 章

半导体器件

半导体器件是电子技术的重要组成部分,因其具有体积小、重量轻、使用寿命长以及功耗小等优点而得到广泛应用。本章首先介绍半导体的基本知识,重点讨论常用半导体二极管、三极管及场效管的结构、原理、特性曲线及主要参数。

1.1 半导体的基础知识

1.1.1 半导体的特性

导电能力介于导体和绝缘体之间的物质称为半导体。用于制造半导体元器件的半导体有硅、锗、砷化镓及金属氧化物等,其中尤以硅最为常见。

半导体之所以用来制造半导体器件,是因为它的导电能力在外界因素的作用下会发生显著的变化,具有显著的特性。

(1)热敏特性。温度的变化会使半导体的电导率发生显著的变化,利用半导体的电阻率对温度特别灵敏,可做成各种热敏元件。

(2)光敏特性。光照可以改变半导体的电导率。在没有光照时,电阻可高达几十兆欧;在受到光照射时,电阻可降到几十千欧。利用这种特性可制成光电晶体管、光耦合器和光电池等。

(3)掺杂特性。掺杂可以提高半导体的导电能力,因此可用来制作各种热敏、光敏器件,用于自动控制和自动测量中。若在纯净半导体中掺入微量杂质,其导电性能也可得到显著提高,因此,可以通过掺入不同种类和数量的杂质元素制成二极管、三极管等各种不同用途的半导体器件。

1.1.2 本征半导体

纯净的不含任何杂质、晶体结构排列整齐的半导体称为本征半导体。原子是由带正电的原子核和带负电的核外电子组成的。若把纯净的半导体材料制成单晶体,则它们的原子将有序排列。图 1-1 分别为硅原子核结构和单晶硅的原子排列示意图。

在一定温度下,若受光和热的激发,晶体结构中的少数价电子将会挣脱原子核的束缚成为自由电子。在原来共价键的相应位置留下一个空位,这个空位称为空穴,如图 1-1(b)所示。空穴的出现是半导体区别于导体的一个重要特点。显然,自由电子与空穴是成对出

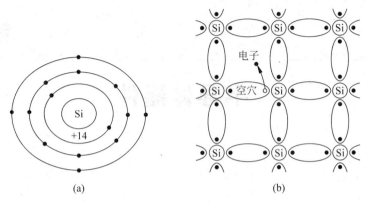

图 1-1   硅原子核结构和单晶硅的原子排列

现的,所以称其为电子-空穴对。在本征半导体中,自由电子与空穴的数量总是相等的。此时原子失去电子带正电,相当于空穴带正电。与此同时有空穴的原子会吸引相邻原子的价电子来填补空穴,于是形成了新的空穴,并继续吸引新的价电子转移到这个新的空穴上,如图 1-2 所示。如此继续不断,在晶体内则形成了自由电子的运动和空穴的反方向运动。因此,电子和空穴都成为运载电荷的粒子,叫作载流子。本征半导体在外电场作用下,两种载流子的运动方向相反,形成的电流方向相同。

动画:半导体
的两种载流子

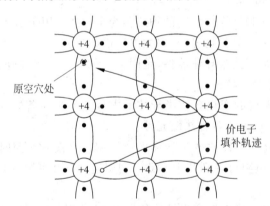

图 1-2   电子与空穴的填补运动

1.1.3   杂质半导体

在本征半导体内部,自由电子和空穴总是成对出现的,因此对外呈电中性。如果在本征半导体中掺入少量的其他元素,就会使半导体的导电能力发生显著的变化。根据掺入杂质的不同,可形成两种不同的杂质半导体,即 N 型半导体和 P 型半导体。

1. N 型半导体

硅是四价元素,原子核最外层有四个电子。若在单晶硅中掺入五价磷,就可形成 N 型半导体,如图 1-3 所示。由于五价的磷原子同相邻的四个硅或锗原子组成共价键时,有一个多余的价电子不能构成共价键,这个价电子就变成了自由电子。在 N 型半导体中,电子为多数载流子,空穴为少数载流子,导电以自由电子为主,故 N 型半导体又称电子型半导体。

2. P 型半导体

同样,若在纯净半导体硅或锗中掺入少量的三价元素杂质(如硼),就可成为 P 型半导体。硼原子只有三个价电子,它与周围硅原子组成共价键时,因缺少一个电子,在共价键中便产生了一个空穴,如图 1-4 所示。在 P 型半导体中,空穴数远大于自由电子数,空穴为多数载流子,自由电子为少数载流子,导电以空穴为主,故 P 型半导体又称空穴型半导体。

图 1-3　N 型半导体　　　　　　　　图 1-4　P 型半导体

1.1.4　PN 结及导电特性

1. PN 结的形成

在一块本征半导体的晶片上,通过一定的掺杂工艺,可使一边形成 P 型半导体,而另一边形成 N 型半导体。在 N 型和 P 型半导体交界面的两侧,由于载流子浓度的差别,N 区的电子向 P 区扩散,而 P 区空穴向 N 区扩散,如图 1-5 所示。

P 区一侧因失去空穴而留下不能移动的负离子,N 区一侧因失去电子而留下不能移动的正离子,这些离子被固定排列在半导体晶体的晶格中,不能自由运动,因此并不参与导电。这样,在交界面两侧形成一个带异性电荷的离子层,称为空间电荷区,又称耗尽层或 PN 结;并产生内电场,其方向是从 N 区指向 P 区。PN 结是构成各种半导体器件的基本单元。

动画:PN 结形成原理

图 1-5　PN 结的形成

2. PN 结的单向导电特性

实验证明,PN 结对外不导电。但若在 PN 结两端加不同极性的电压,则将破坏原平衡状态而呈现单向导电性。

（1）PN 结的正向偏置

在 PN 结两端外加电压,若 P 端接电源正极,N 端接电源负极,则称为正向偏置。由于外加电源产生的外电场其方向与 PN 结产生的内电场的方向相反,削弱了内电场,使 PN 结变薄,因此有利于两区多数载流子向对方扩散,形成正向电流。此时测得正向电流较大,PN 结呈现低电阻,称为 PN 结正向导通,如图 1-6 所示。

（2）PN 结的反向偏置

如图 1-7 所示,PN 结的 P 端接电源负极,N 端接电源正极,称为反向偏置。由于外加电场的方向与内电场的方向一致,因而加强了内电场,使 PN 结加宽,阻碍了多数载流子的扩散运动。在外电场的作用下,只有少数载流子形成了很小的电流,称为反向电流。此时测得电流近似为零,PN 结呈现高电阻,称为 PN 结反向截止。

动画：PN 结
单向导电性

图 1-6　PN 结的正向偏置

图 1-7　PN 结的反向偏置

应当指出,少数载流子是由于热激发产生的,因而 PN 结的反向电流受温度影响很大。综上所述,PN 结具有单向导电性,即加正向电压时导通,加反向电压时截止。

1.2 半导体二极管

1.2.1 二极管的结构、符号及类型

1. 结构与符号

在形成 PN 结的 P 型半导体上和 N 型半导体上,分别引出两根金属引脚,并用管壳封装,就构成二极管。其中从 P 区引出的电极为正极(阳极),从 N 区引出的电极为负极(阴极)。二极管的结构、符号及外形如图 1-8 所示。

图 1-8　二极管的结构、符号及外形

多数二极管的管壳上都标有极性符号,对于玻璃外壳的硅二极管,有色点或色环的为

负极。由于二极管实质上就是一个 PN 结,必然具有单向导电性,因此也可以用万用表的电阻挡测量它的正、反向电阻以判断其正、负极性。

二极管的图形符号中,空心箭头的方向为其正向导通时电流的方向。

动画:二极管
的伏安特性

2. 类型

(1) 按材料分:有硅二极管、锗二极管和砷化镓二极管等。

(2) 按结构分:有面接触型和点接触型。面接触型二极管的结面积大,结电容也大,可通过较大的电流,但其工作频率较低,常用在低频整流电路中;点接触型二极管的结面积小,结电容也小,高频性能好,但允许通过的电流较小,一般应用于高频检波和小功率整流电路中,也用作数字电路的开关元件。

仿真:二极管
直流电源正向

(3) 按用途分:有整流、稳压、开关、发光、光电及变容等二极管,肖特基二极管等。

(4) 按封装形式分:有玻璃、塑料及金属封装等二极管。

(5) 按功率分:有大功率、中功率和小功率二极管。

(6) 按二极管工作频率的不同分:有高频二极管和低频二极管。

1.2.2　二极管的伏安特性

常利用伏安特性曲线来描述二极管的单向导电性。所谓二极管的伏安特性,是指二极管两端电压和流过它的电流之间的关系,如图 1-9 所示。伏安特性是二极管应用的理论依据。下面对二极管的伏安特性曲线加以说明。

仿真:二极管
交流电源正向

图 1-9　二极管的伏安特性

仿真:二极管
直流电源反向

仿真:二极管
交流电源反向

1. 正向特性

二极管的正向特性分为正向死区和正向导通区两部分。图中 OA 段为正向死区。由于正向电压较低,正向电流近似为零,二极管呈现高阻特性,尚未导通。当外加电压超过死区电压后,正向电流随外加电压的增大而迅速上升,二极管呈导通状态,如图中 AB 段。导通后,二极管管压降很小,且不随电流变化。硅管的死区电压约为 $0.5\mathrm{V}$,导通管压降约为 $0.7\mathrm{V}$。图中虚线为锗管的伏安特性曲线,锗管的死区电压约为 $0.1\mathrm{V}$,导通管压降约为 $0.3\mathrm{V}$。

2. 反向特性

二极管的反向特性分为反向截止区和反向击穿区两部分。图中 OC 段为反向截止区,二极管两端加上反向电压时,在开始的很大范围内,二极管相当于一个非常大的电阻,反向电流 I_R 极小,且不随反向电压 U_R 变化,称为反向饱和电流,通常用 I_R 表示。小功率硅管的反向饱和电流一般小于 $0.1\mu A$。当反向电压增大到一定数值时,反向电流将急剧增大,称为反向击穿,此时,对应的电压称为反向击穿电压,用 U_{BR} 表示,如图 CD 段所示。反向击穿将造成 PN 结损坏,应用中应避免发生。

二极管的反向饱和电流与温度密切相关,温度升高时,少数载流子增加,所以反向电流将急剧增加。通常温度每升高 $10^\circ C$,反向饱和电流约增加一倍。当温度升高时,二极管反向击穿电压 U_{BR} 会有所下降。

由以上分析可知,二极管是一个非线性元件,电压和电流之间的关系不符合欧姆定律,电阻不是一个常数。除单向导电性外,二极管还具有开关特性。正向导通时,管压降很小,可视为短路,相当于一个闭合的开关。反向截止时,反向电流很小,可视为开路,相当于一个断开的开关。因此在开关电路中有广泛的应用。

1.2.3 二极管的主要参数

电子元器件的参数表征了器件的性能及使用条件,是合理选用和正确使用半导体器件的重要依据。二极管的参数可从手册上查到。二极管的主要参数可参阅本书附录 C。下面对二极管的常用参数做简要介绍。

1. 最大整流电流

最大整流电流 I_F 是指二极管长期运行时,允许通过的最大正向平均电流。二极管工作时不得超过此值,否则 PN 结将因过热而损坏。

2. 最高反向工作电压

最高反向工作电压 U_{RM} 是指允许加在二极管两端的反向电压的最大值,其值通常取二极管反向击穿电压的一半左右。使用二极管时不得超过此值,否则二极管将被反向击穿。

3. 反向电流

反向电流 I_R 是指在室温下,二极管未击穿时的反向电流值,该值越小,管子单向导电性能越好。

4. 最高工作频率

二极管的最高工作频率 f_M 是指二极管正常工作时的上限频率值。它的大小与 PN 结的结电容有关。超过此值,二极管的单向导电性能变差。

二极管的参数很多,除上述参数外,还有结电容、正向电压等,在实际应用时,可查阅半导体器件手册。

1.2.4 特殊用途二极管

二极管的种类很多,利用 PN 结的单向导电性制成的二极管有整流二极管、检波二极管、开关二极管等。此外,PN 结还有一些其他特性,采用适当工艺方法可制成特种功能的二极管,如稳压二极管、变容二极管、发光二极管和光电二极管等。

1. 稳压管

稳压管是一种特殊的面接触型二极管,具有稳压作用,图 1-10 为它的伏安特性曲线和电路符号。

图 1-10　稳压管的伏安特性曲线和电路符号

（1）稳压管的稳压原理

从伏安特性看,稳压管的正向特性与普通二极管相同。不同的是,稳压管工作在反向偏置状态,即它的正极接电源的低电位,负极接电源的高电位。稳压管反向击穿时,其反向电流可在很大范围内变化,如图中 ΔI_Z,但端电压却变化很小,如图中 ΔU_Z,因此具有稳压作用。

（2）稳压管的主要参数

① 稳压电压 U_Z：稳压管的反向击穿电压。不同类型的稳压管其稳压值不一样。由于制造工艺的原因,同一型号的稳压管的稳压值也不易固定在同一数值上,而是有一个范围。例如 2CW52 型稳压管,U_Z 的允许值范围为 3.2～4.5V。其中有的可能是 3.5V,有的可能是 4.2V。

② 最大稳定电流 I_{ZM}：允许通过的最大反向电流。

③ 最大耗散功率 P_{ZM}：稳压管所允许的最大功耗,其值为 $P_{ZM}=I_{ZM}U_Z$。若超过此值,管子将过热而损坏。

【例 1-1】　如图 1-11 所示,已知稳压二极管 $U_Z=5.5\text{V}$,当 $U_I=\pm15\text{V}$,$R=1\text{k}\Omega$ 时,求 U_O。已知稳压二极管的正向导通压降 $U_F=0.7\text{V}$。

图 1-11　例 1-1 图

解　当 $U_I = 15V$，VD_{Z1} 反向击穿稳压，$U_Z = 5.5V$，VD_{Z2} 正向导通，则 $U_O = 6.2V$；同理，$U_I = -15V$，VD_{Z2} 反向击穿稳压，VD_{Z1} 正向导通，$U_O = -6.2V$。

2. 发光二极管

发光二极管是一种能将电能转换成光能的特殊二极管，它的图形符号及外形如图 1-12 所示。制作发光二极管的半导体中杂质浓度很高，当对管子加正向电压时，多数载流子的扩散运动加强，大量的电子和空穴在空间电荷区复合时释放出的能量大部分转换为光能，从而使发光二极管发光，并可根据不同化合物材料发出不同颜色的光，如磷砷化钾发出红色的光、磷化镓发出绿色的光等。发光二极管常用来作为显示器件，除单个使用外，也常做成七段数码管，正向导通电压一般为 1～2V，工作电流一般为几毫安至十几毫安之间。

图 1-12　发光二极管的符号及外形

3. 光电二极管

光电二极管又称光敏二极管，光电二极管在管壳上有一个玻璃窗口以便接受光照，如图 1-13(a)所示。光电二极管一般工作在反向电压下，它的反向电流随着光照强度的增强而上升，它的图形符号如图 1-13(b)所示。当有光照时，激发大量电子空穴，光电二极管处于导通状态；当没有光照时，只有很少的电子空穴，光电二极管处于截止状态。光电二极管可应用于光的测量。

图 1-13　光电二极管的外形及符号

4. 变容二极管

变容二极管是利用 PN 结反偏时结电容大小随外加电压而变化的特性制成的。反偏电压增大时结电容减小，反之结电容增大。它的图形符号如图 1-14 所示。变容二极管的电容量一般较小，其最大值为几十到几百皮法。它主要在高频电路中用作自动调谐、调频等，例如在电视机接收机的调谐电路中作可变电容。

5. 肖特基二极管

肖特基二极管是利用金属和 N 型或 P 型半导体接触形成具有单向导电性的二极管，它的图形符号如图 1-15 所示。肖特基二极管具有开启电压小（0.2～0.5V）、工作速度快的特点。它在数字集成电路中与晶体三极管结合，形成肖特基晶体管，以提高开关速度，还可用作高频检波和续流二极管等。

图 1-14　变容二极管的符号　　　　　图 1-15　肖特基二极管的符号

1.3　半导体三极管

半导体三极管又叫晶体管，简称三极管，主要用于放大电路和开关电路，在电子电路中得到了广泛的应用。本节仅讨论三极管的结构、电路符号、工作原理、特性曲线及其主要参数等。

1.3.1　三极管的结构及符号

三极管是由三层半导体材料组成的。三极管有三个区域，中间的一层为基区，两侧分别为发射区和集电区。发射区和集电区的作用分别是发射和收集载流子，从而形成半导体内部电流。三极管有两个 PN 结，发射区和基区之间的 PN 结叫作发射结 Je，集电区和基区之间的 PN 结叫作集电结 Jc。三极管有三个电极，各自从基区、发射区和集电区引出，分别称为基极 b、发射极 e 和集电极 c。

根据三个区域半导体材料类型的不同，三极管可分为 NPN 型和 PNP 型两类。基区为 P 型材料的三极管为 NPN 型，基区为 N 型材料的三极管为 PNP 型。两者的工作原理完全相同，只是工作电压的极性不同，因此三个电极电流的方向也相反。如图 1-16 所示给出了三极管的结构和符号。

(a)　　　　　　　　　　　　　　　　(b)

图 1-16　三极管的结构和符号

与二极管相似,电路符号中箭头的方向表示发射结正偏时发射极电流的方向,该电流总是从 P 指向 N。图 1-17 为常见三极管的外形。

图 1-17　常见三极管的外形

(a) 3DG201；(b) 3A×31；(c) 3DG6；(d) CD715；(e) 3DD101A

三极管的种类很多。除上述的按结构分为 NPN 型和 PNP 型外,按工作频率可分为低频管和高频管,按功率大小可分为小功率管、中功率管和大功率管,按所用半导体材料分为硅管和锗管,按用途分为放大管和开关管等。三极管命名方法可参阅附录 D。

为使三极管具有电流放大作用,采用了以下制造工艺:基区很薄且掺杂浓度低,发射区掺杂浓度高,集电结面积比发射结的面积大,但掺杂浓度低。因此,在使用时三极管的发射极和集电极不能互换。

1.3.2　三极管的电流分配关系

三极管的电流放大作用是指基极电流对集电极电流的控制作用。

1. 电流放大作用的条件

三极管的电流放大作用,首先取决于其内部结构特点,即发射区掺杂浓度高、集电结面积大,这样的结构有利于载流子的发射和接收。而基区薄且掺杂浓度低,以保证来自发射区的载流子能顺利地流向集电区。其次要有合适的偏置。三极管的发射结类似于二极管,应正向偏置,使发射结导通,以控制发射区载流子的发射。而集电结应反向偏置,以使集电极具有吸收由发射区注入基区的载流子的能力,从而形成集电极电流。对于 NPN 型三极管,必须保证集电极电位高于基极电位,基极电位又高于发射极电位,即 $V_C > V_B > V_E$；而 PNP 型三极管则与之相反,即 $V_C < V_B < V_E$。

2. 三极管各电极电流的形成

如图 1-18 所示为 NPN 型三极管内部载流子的运动规律,三极管接成共发射极接法。三极管各极电流的形成分析如下。

(1) 发射区发射电子形成 I_E

发射结正偏,由于发射区掺杂浓度高而产生大量自由电子,在外电场的作用下,被发射到基区。两个电源的负极同时向发射区补充

动画：三极管各电极的电流形成

图 1-18　NPN 型三极管内部载流子的运动规律

电子形成发射极电流 I_E，I_E 的方向与电子流方向相反。

（2）基区复合电子形成 I_B

发射区发射到基区的大量电子只有很少一部分与基区中的空穴复合，复合掉的空穴由基极电源正极补充形成基极电流 I_B。

（3）集电区收集电子形成 I_C

集电结反偏，在基区没有被复合掉的大量电子，在外加电场的作用下被收集到集电区，并流向集电极电源正极形成集电极电流 I_C。

3. 三极管的电流放大作用

图 1-19 为 NPN 型三极管电流测试电路。该电路包括基射回路（又称输入回路）和集射回路（又称输出回路）两部分，发射极为两回路的公共端，因此称为共射电路。共射电路中，V_{BB} 为发射极正偏电源；V_{CC} 为集电极反偏电源（$V_{CC} > V_{BB}$）；R_P 为电位器。调节 R_P 可以改变基极电流 I_B、集电极电流 I_C 和发射极电流 I_E 的大小。表 1-1 为三极管三个电极的电流测试结果。

图 1-19　NPN 型三极管电流测试电路

表 1-1　三极管三个电极的电流测试结果　　　　单位：mA

I_B	0	0.01	0.02	0.03	0.04	0.05
I_C	0.01	0.56	1.14	1.74	2.33	2.91
I_E	0.01	0.57	1.16	1.77	2.37	2.96

分析测试结果可以得到以下结论。

（1）发射极电流等于基极电流与集电极电流之和，即 $I_E = I_B + I_C$。又因为基极电流很小，则 $I_E \approx I_C$，也就是说发射极电流大部分流向集电极。

（2）集电极电流受基极电流的控制，控制系数为 $\bar{\beta} = I_C / I_B$，即 $I_C = \bar{\beta} I_B$，$I_E = (1 + \bar{\beta}) I_B$。一般说来，$\bar{\beta}$ 值约为 20～200，因此 $\bar{\beta}$ 也叫作电流放大倍数，为三极管的电流放大作用。

可见基极电流 I_B 的微小变化，将使集电极电流 I_C 发生大的变化，即基极电流 I_B 的微小变化控制了集电极电流 I_C 较大的变化，这就是三极管的电流放大作用。

应当注意的是，在三极管的电流放大作用中，被放大的集电极电流 I_C 是由电源 V_{CC} 提供的，并不是三极管自身生成的能量，它实际体现了用小信号控制大信号的一种能量控制作用。

1.3.3　三极管的伏安特性

三极管的伏安特性曲线是指输入回路和输出回路中电压与电流的关系曲线。这里仍以图 1-19 电路为例分析。

1. 输入特性曲线

输入特性曲线是指集射电压 U_{CE} 固定时,基极电流 I_B 随基射电压 U_{BE} 变化的曲线,即 $I_B = f(U_{BE})|U_{CE}$ 为常数。实验中,若取不同的 U_{CE},可得到不同的曲线。但当 $U_{CE} >$ 1V 后,各条曲线基本重合。图 1-20 为实测的 $U_{CE} = 0$ 时的输入特性曲线。

由图 1-20 可见,该输入特性曲线与二极管的正向特性相似,是非线性的。当 U_{BE} 小于死区电压时,管子不导通,$I_B = 0$。当管子导通后,发射结压降基本保持不变。对于硅管,死区电压约为 0.5V,导通管压降约为 0.7V。对于锗管,死区电压约为 0.1V,导通管压降约为 0.3V。

动画:三极管输入特性

2. 输出特性曲线

输出特性曲线是指当基极电流 I_B 固定时,集电极电流 I_C 与集射电压 U_{CE} 之间的关系曲线,即 $I_C = f(U_{CE})|I_B$ 为常数。若取不同的 I_B,则可得到不同的曲线,因此三极管的输出特性曲线为一曲线族,如图 1-21 所示。

动画:三极管输出特性

图 1-20　三极管输入特性曲线

图 1-21　输出特性曲线

输出特性曲线可分为以下三个区域。

(1) 截止区:$I_B = 0$ 以下的阴影部分。此时 U_{BE} 小于死区电压,三极管处于截止状态。有时为了使三极管可靠截止,常使三极管的发射结处于反偏或零偏状态。当管子工作在截止区时,$I_C \approx 0$,$U_{CE} \approx V_{CC}$,集射之间呈现高电阻,相当于一个断开的开关。

(2) 饱和区:曲线上升和弯曲处的阴影部分。此时 $U_{CE} < U_{BE}$,集电结处于正偏状态,因此影响了集电结收集载流子的能力,即使 I_B 增大,I_C 也不会变化,I_C 不再受 I_B 控制,三极管处于饱和导通状态。此时,集射极之间呈现低电阻,相当于一个闭合的开关。

(3) 放大区:曲线族的平直部分。此时 $I_B > 0$,$U_{CE} > 1V$。三极管工作在放大区的特点是:I_C 只受控于 I_B,与 U_{CE} 无关,呈现恒流特性。因此,当 I_B 固定时,I_C 的曲线是平直的。当 I_B 增大时,I_C 的曲线上移,且 I_C 的变化量远大于 I_B 的变化量,表明了三极管的电流放大作用。

由以上分析可知,三极管不仅具有电流放大作用,同时还具有开关作用。三极管用作放大器件时,工作在放大区;用作开关器件时,工作在饱和区和截止区。三极管工作在饱和区时,发射结和集电结同为正偏,$U_{CE} \approx 0$;三极管工作在截止区时,发射结和集电结同为反偏,$U_{CE} \approx V_{CC}$。

【例 1-2】 在某放大电路中,如果测得如图 1-22 所示各管脚的电位值,问各三极管分别工作在哪个区?

解 图中各管均为 NPN 管。

图 1-22(a):$U_B > U_E$,$U_B > U_C$,两个 PN 结均正偏,三极管工作在饱和区。

图 1-22(b):$U_B > U_E$,$U_B < U_C$,发射结正偏,集电结反偏,三极管工作在放大区。

图 1-22(c):$U_B < U_E$,$U_B < U_C$,两个 PN 结均反偏,三极管工作在截止区。

图 1-22 某放大电路各管脚的电位值

1.3.4 三极管的主要参数

1. 共射电流放大倍数 β

电流放大倍数表征了三极管电流放大能力,应包括直流放大倍数 $\overline{\beta} = I_C / I_B$ 和交流放大倍数 $\beta = \Delta I_C / \Delta I_B$ 两种。$\overline{\beta}$ 和 β 的意义不同,数值也不相等,但在三极管工作范围内,二者在数值上相差得很小,工程估算中可混用,用 β 表示。电流放大系数是衡量三极管电流放大能力的参数,但是 β 值过大会导致热稳定性差,在做放大用时 β 一般取 50~100 为宜。

2. 极间反向电流

(1) 发射极开路,集电极-基极反向电流 I_{CBO}

I_{CBO} 是当三极管发射极开路而集电结处于反向偏置时的集电极电子电流值。如图 1-23(a)所示。I_{CBO} 是由于集电结处于反向偏置,集电区中和基区中少数载流子的漂移所形成的电流。在一定温度下,I_{CBO} 基本上是一个常数,与 U_{CB} 大小无关。常温下,小功率锗管的 I_{CBO} 约为几至几十微安,小功率硅管的 I_{CBO} 在 $1\mu A$ 以下。I_{CBO} 的值越小越好。

(2) 基极开路,集电极-发射极反向电流即集射极穿透电流 I_{CEO}

I_{CEO} 指基极开路、发射结正偏、集电结反偏时集射极之间的电流。如图 1-23(b)所示。I_{CEO} 的值为 I_{CBO} 的 $1+\beta$ 倍,受温度影响很大,会造成三极管工作不稳定,它是衡量三极管质量的一个指标。小功率锗管的 I_{CEO} 约为几十至几百微安,硅管的 I_{CEO} 值在几微安以下。I_{CEO} 的值越小越好。

图 1-23 三极管极间反向电流

3. 集电极最大允许电流 I_{CM}

集电极最大允许电流是指三极管正常工作时,集电极所允许的最大电流。当集电极电流太大时,β 值将下降。一般认为,当 β 值下降到正常值的 2/3 时的集电极电流为最大允许电流。

4. 集射极反向击穿电压 $U_{(BR)CEO}$

集射极反向击穿电压是指基极开路时,集射极间允许加的最高反向电压。若 $U_{CE} > U_{(BR)CEO}$,则三极管将被击穿。

5. 集电极最大允许耗散功率 P_{CM}

三极管工作时,集电极存在功率损耗,其值为 $P_C = I_C U_{CE}$。此功耗使集电极温度上升,若 $P_C > P_{CM}$,将导致三极管过热损坏,如图 1-24 所示。使用中,P_{CM} 不允许超出安全工作区。

图 1-24 三极管的安全工作区

1.4 场效应管

三极管是以很小输入电流控制输出电流的放大元件,在放大状态工作时要有一定的输入电流,称为电流控制元件。

场效应管是以很小输入电压控制较大输出电流的放大元件,在放大状态工作时要有一定的输入电压,无输入电流,称为电压控制元件。它具有输入电阻高(可高达 $10^8\,\Omega$ 以上)、噪声低、热稳定性好、抗辐射能力强、耗电省、易集成等优点,因此得到了广泛应用。

根据结构的不同,场效应管可分两大类:结型场效应管(简称 JFET)和绝缘栅场效应管(简称 IGFET)。结型场效应管又分为 N 沟道和 P 沟道两种;绝缘栅场效应管也分为 N 沟道和 P 沟道,但每种类型的工作方式又都可分为增强型和耗尽型。它们都以半导体中的多数载流子导电,因而又称作单极型晶体管。

1.4.1　JFET 的结构及原理

1. 基本结构及符号

如图 1-25(a)所示为 N 沟道结型场效应管的结构与符号,它在一块 N 型半导体两侧制作两个高浓度 P 型区域,形成两个 PN 结,把这两个 P 型区相连后引出一个电极,称为栅极,用字母 G 表示,在 N 型半导体两端分别引出两个电极,称为漏极和源极,用字母 D 和 S 表示。两个 PN 结中间的区域是电流流通的路径,称为导电沟道。

同理,若在 P 型半导体两侧各掺杂一个高浓度的 N 型区域,形成两个 PN 结。漏极和源极之间由 P 型半导体构成导电沟道,因此将其称为 P 沟道结型场效应管,其电路符号如图 1-25(b)所示。

图 1-25　JFET 的结构示意图及其图形符号

2. 工作原理

如图 1-26 所示的是 N 沟道结型场效应管施加偏置电压后的电路图。由图可见,漏、源之间加 U_{DD} 电压,栅、源之间加反向电压 u_{GS},沟道的上下两侧与栅极分别形成 PN 结,改变加在 PN 结两端的反向偏置电压 u_{GS},就可以改变 PN 结的宽度,也就改变了漏、源之间导电沟道的宽度,从而可控制导电沟道中的电流 i_D。当栅、源电压 $u_{GS}=0\text{V}$ 时,导电沟道最宽,漏极电流 i_D 最大;当栅、源电压 u_{GS} 为某一值时,沟道完全被夹断,漏极电流 $i_D=0\text{A}$,并将这一电压称为夹断电压 $U_{GS(off)}$。因此,场效应管是一种电压控制器件,它利用电压 u_{GS} 来控制漏极电流 i_D。

图 1-26　N 沟道结型场效应管施加偏置电压后

1.4.2　JFET 的特性曲线

1. 转移特性曲线

当 u_{DS} 电压一定时,漏极电流 i_D 与栅源电压 u_{GS} 之间的关系称为转移特性,即

$$i_D = f(u_{GS}) \mid u_{DS} = 常数$$

如图 1-27 所示为 N 沟道结型场效应管的转移特性曲线。当 $u_{GS}=0$ 时,i_D 最大,称其为饱和漏极电流,并用 I_{DSS} 表示。当 u_{GS} 为负时,沟道电阻变大,漏极电流 i_D 减小。当 $u_{GS}=U_{GS(off)}$ 时,沟道被夹断,此时 $i_D=0$。

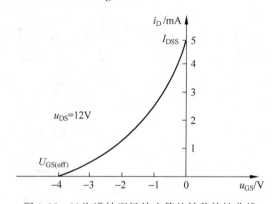

图 1-27　N 沟道结型场效应管的转移特性曲线

在 $U_{GS(off)} \leqslant u_{GS} \leqslant 0$ 的范围内,漏极电流 i_D、栅源电压 u_{GS} 的关系为

$$i_D = I_{DSS} \left(1 - \frac{u_{GS}}{U_{GS(off)}} \right)^2$$

一般来说,不同的 u_{DS} 值其转移特性曲线不同,但很接近,可以认为是一条曲线,从而使分析得到简化。

2. 输出特性曲线

输出特性是指栅源电压 u_{GS} 一定时,漏极电流 i_D 与漏源电压 u_{DS} 之间的关系,即

$$i_{\mathrm{D}} = f(u_{\mathrm{DS}}) \mid u_{\mathrm{GS}} = 常数$$

图 1-28 所示是 N 沟道结型场效应管的一簇输出特性曲线,它是将 u_{GS} 分别固定在不同值时,所测得的 i_{D} 与 u_{DS} 之间的关系曲线。输出特性曲线可分为以下四个区域。

图 1-28　N 沟道结型场效应管的输出特性曲线

(1) 可变电阻区:对于每一条曲线,当 u_{DS} 很小时,导电沟道畅通,i_{D} 随 u_{DS} 的增大而线性增大,但当 u_{DS} 增大到一定程度,靠近漏极端的耗尽层最宽,当两耗尽层相遇时,称为预夹断,将不同的预夹断点连接起来,就形成了一条预夹断轨迹,如图 1-28 所示。预夹断轨迹的左边区域称为可变电阻区。场效应管工作在该区时,导电沟道畅通,场效应管的漏源之间相当于一个电阻。当栅源电压 u_{GS} 一定时,沟道电阻也一定,i_{D} 随 u_{DS} 的增大而线性增大。当栅源电压 u_{GS} 变化时,输出特性曲线倾斜也变化,即漏源间的等效电阻在变化。因此,场效应管可以看作是一个受栅源电压 u_{GS} 控制的可变电阻。

(2) 恒流区:预夹断轨迹的右边区域。此区域的特征是,i_{D} 与漏源电压 u_{DS} 基本无关,i_{D} 主要由栅源电压 u_{GS} 决定。恒流区也称为放大区。

(3) 夹断区:当栅源电压 u_{GS} 达到夹断电压 $U_{\mathrm{GS(off)}}$ 值后,沟道被夹断,$i_{\mathrm{D}} \approx 0$,场效应管截止。

(4) 击穿区:当 u_{DS} 增大到一定值,则漏源之间会发生击穿,漏极电流 i_{D} 急剧增大。若不加以限制,管子会损坏。

3. 结型场效应管的主要参数

(1) 夹断电压 $U_{\mathrm{GS(off)}}$

在 u_{DS} 为某一值时,栅源电压 u_{GS} 使管子截止所对应的电压。N 沟道结型管的 $U_{\mathrm{GS(off)}}$ 为负值,P 沟道结型管的 $U_{\mathrm{GS(off)}}$ 为正值。

(2) 饱和漏极电流 I_{DSS}

在 u_{DS} 为恒流区内某一确定值的条件下,栅源之间短路时的漏极电流。

(3) 输入电阻 R_{GS}

输入电阻是栅源两端的等效电阻。因为正常工作时栅源之间加的电压是反向电压,栅源间的 PN 结反偏,I_G 很小,故 R_{GS} 很大。结型场效应管的 R_{GS} 一般是大于 10MΩ。

(4) 低频跨导 g_m

在 u_{DS} 为某一值时,i_D 的微小变化量与 u_{GS} 的微小变化之比叫低频跨导,即

$$g_m = \frac{\Delta i_D}{\Delta u_{GS}}\bigg|_{u_{DS}=常数}$$

式中,g_m 的单位为西[门子](S)。g_m 的大小反映了场效应管放大能力的大小,一般为 $1\sim5mS$,g_m 越大,放大能力越强。

1.4.3　MOSFET 的结构及原理

绝缘栅场效应管(MOSFET)也是利用电压控制漏极电流的原理制成的,按其工作方式不同可分为增强型和耗尽型两种类型,每种类型又各有 N 沟道和 P 沟道形式。所谓增强型,即在 $u_{GS}=0$ 时不存在导电沟道,只有当栅源电压大于开启电压后才有电流产生;反之,在 $u_{GS}=0$ 时就存在导电沟道的为耗尽型。

绝缘栅场效应管的栅极工作于绝缘状态,输入电阻很高,可达到 $10^{15}\,\Omega$,且易于集成化,因此它广泛应用于大规模集成电路。

1. 结构与符号

绝缘栅场效应管的内部结构如图 1-29 所示。用一块 P 型硅片作衬底,在上面生成两个掺杂浓度很高的 N 区,分别引出一个金属电极作为源极和漏极;再在 P 型硅片上覆盖二氧化硅绝缘层,并引出金属电极作为栅极。由于栅极与源极、漏极以及衬底绝缘,故名绝缘栅场效应管,英文为 insulated gate type field effect transistor,简称 IGFET。又因为金属、氧化物与半导体材料分层分布,又名金属-氧化物-半导体场效应管,简称 MOS 管。

图 1-29　绝缘栅场效应管的内部结构及符号

(a) 内部结构；(b) N 沟道符号；(c) P 沟道符号

2. 工作原理

如图 1-30 所示,图中 U_{GG} 和 U_{DD} 分别为栅极与源极、源极与漏极的偏置电压,在它们的作用下,左右侧两个 N^+ 区将被沟通,在源极和漏极之间形成导电沟道,使得左 N^+ 区的电子向右 N^+ 区运动,并形成漏极电流 i_D。实验证明,u_{GS} 越高,导电沟道越宽,沟道电阻越

小，在 u_{DS} 的作用下形成的漏极电流 I_D 越大。也就是说，改变栅源电压可控制漏极电流的大小，即场效应管的电流放大作用。

以上电路中，将源极和漏极沟通的载流子为电子，形成的导电沟道为 N 型，称为 N 沟道 MOS 管，记为 NMOS 管。与此相反，若以 N 型硅片为衬底，制成的 MOS 管则为 P 型沟道。在 P 型沟道中，将源漏极沟通的载流子为空穴，记为 PMOS 管，增强型绝缘栅场效应管 NMOS 和 PMOS 的电路符号分别如图 1-29(b) 和 (c) 所示。

下面介绍 N 沟道增强型 MOS 管，图 1-31(a) 为它的转移特性曲线。转移特性曲线表征了栅源电压对漏极电流的控制作用。

图 1-30　N 沟道增强型管导电沟道的形成

由特性曲线可以看出，在 $0 < u_{GS} < U_{GS(th)}$ 范围内，$i_D = 0$，表明 D，S 极间的导电沟道尚未形成，MOS 管截止。当 $u_{GS} > U_{GS(th)}$ 后，i_D 开始随之增大，MOS 导通。因此称 $U_{GS(th)}$ 为开启电压，类似于三极管的死区电压。

图 1-31(b) 为输出特性曲线，表征了在一定 u_{GS} 条件下，u_{DS} 对 i_D 的影响，此曲线与结型场效应管的输出曲线形状相同，只是 u_{GS} 要加正电压，而且 u_{GS} 越大，漏极电流 i_D 越大。MOS 管的特性曲线也可分为可变电阻区、恒流区和夹断区。

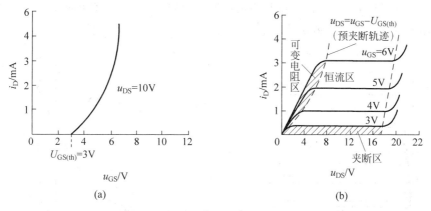

图 1-31　N 沟道增强型 MOS 管的特性曲线

3. 耗尽型 MOS 管的结构和工作原理

（1）结构与符号

耗尽型管与增强型管的结构基本相同，主要区别是：在无栅源电压时，增强型管中不存在导电沟道，而耗尽型管中存在导电沟道。主要原因是在制造过程中，在二氧化硅绝缘层中掺入了大量正离子，因此在 $u_{GS} = 0$ 时，掺入的正离子产生很强的静电场，在其作用下，漏源之间的衬底表面存在反型层，从而形成导电沟道，如图 1-32(a) 所示。

图 1-32　N 沟道耗尽型 MOS 管的结构与符号

（a）结构；（b）符号

（2）工作原理

对于耗尽型场效应管,因为本身存在导电沟道,故只要加上电压 u_{DS},就有电流 i_D 产生。如果加上正 u_{GS},则增强了绝缘层中的电场,使导电沟道变宽,电阻减小,在相同的 u_{DS} 下 i_D 增大。当 u_{GS} 为负时,则削弱绝缘层中的电场,使导电沟道变窄,i_D 减小。当 u_{GS} 负向增大到一定数值时,总电场的作用不足以产生导电沟道,此时管子截止,$i_D = 0$。耗尽型 NMOS 管的转移特性曲线和输出特性曲线如图 1-33 所示,可见耗尽型 NMOS 管可以工作在栅源电压为正或负或为零的状态。

图 1-33　耗尽型 NMOS 管的特性曲线

4. 主要参数

MOS 管的主要参数与结型场效应管基本相同,只是 MOS 管有增强型和耗尽型的区别,增强型管有开启电压 $U_{GS(th)}$ 为参数,而耗尽型有夹断电压 $U_{GS(off)}$ 为参数。

5. 场效应管的特点及使用注意事项

（1）特点

场效应管与普通三极管相比具有以下特点。

① 场效应管为压控器件，其输出电流取决于栅源极之间的电压，栅极几乎不取用信号源的电流，因此输入电阻很高。

② 除用于放大和开关电路外，场效应管工作在可变电阻区时，可作为压控电阻使用，因此在集成电路中应用极为广泛。

③ 场效应管制作方便，源极和漏极可以互换，而且热稳定性好，因此其灵活性优于三极管。当然有些场效应管在制造时已将源极和衬底相连，则源极和漏极不能互换。

（2）使用注意事项

① MOS 管的栅极不能开路，以免在栅极中产生感应电压而击穿 SiO_2 绝缘层。存放时应将三个电极短接。

② 不能用万用表检测 MOS 管管脚的极性，而应使用专用测试仪。测试时，应先接入测试仪再拆掉电极间的短接线，测试完毕应再次将三个管脚短接。焊接时烙铁应良好接地，以屏蔽交流电场，以免受外电场的作用而使管子损坏。断电后利用余热焊接，焊接过程中电极间应短路保护。

6. 场效应管与半导体三极管的性能比较

表 1-2 给出了场效应管与半导体三极管性能比较。

表 1-2　场效应管与半导体管性能比较

器件名称	性能	
	半导体三极管	场效应管
导电结构	既利用多数载流子，又利用少数载流子，故称为双极型器件	只利用多数载流子工作，称为单极型器件
控制方式	电流控制	电压控制
放大系数	$\beta(20\sim200)$	$g_m(1\sim5\text{mA/V})$
类型	PNP、NPN	N 沟道、P 沟道
受温度影响	大	小
噪声	较大	较小
抗辐射能力	差	强
制造工艺	较复杂	较简单，易于集成

本 章 小 结

半导体材料具有热敏性、光敏性及可掺杂性。本征半导体是不含其他元素的、纯净的半导体，具有电子和空穴两种载流子，在受热、光照或撞击等外部作用时，本征半导体会激发产生电子-空穴对，本征半导体的导电能力很弱。杂质半导体是掺入少量其他元素，可分为 N 型和 P 型半导体。N 型半导体是掺入五价元素如磷，形成多数载流子是电子，少数载流子是空穴；P 型半导体是掺入三价元素如硼,形成多数载流子是空穴,少数载流子是电子。杂质半导体的导电能力比本征半导体的导电能力大。PN 结是 P 型半导体与 N 型半导体通过多数载流子的扩散运动与少数载流子的漂移运动而形成的,在交界形成具有单向性的空间电荷区,又称耗尽层,是构成电子元器件的基础。

　　二极管具有单向导电性,由 PN 结、封装及引脚构成。常用的有硅管及锗管,又分为点接触型及面接触型,可用作开关、整流、钳位及稳压、发光等。对于二极管应用要注意:二极管正偏导通,反偏截止,可应用于整流及开关电路;二极管导通时正偏电压基本不变,对硅管来说,一般取 0.7V,锗管一般取 0.3V,可用作限幅;稳压管是特殊二极管,正常工作时处于反偏击穿状态,而且必须与限流电阻配合使用。

　　三极管具有电流放大作用,是一种电流控制器件,可分为 NPN 型及 PNP 型两种,主要由三个区、两个 PN 结及三个引脚组成。常用的有硅管及锗管、低频及高频管、小功率及大功率管等。对于三极管的应用要注意:三极管有两种类型,即 NPN 型及 PNP 型,它们在结构上是 P 区和 N 区的位置相反,因此在相同的工作状态,所加电压方向相反,电流方向也相反;三极管具有三种工作状态,各有不同的条件和特点,即放大区是发射结正偏、集电结反偏,$I_C = \beta I_B$,与 U_{CE} 几乎无关;饱和区是发射结正偏、集电结正偏,$I_C \neq \beta I_B$,U_{CE} 值较小;截止区发射结反偏、集电结反偏,$I_C \approx 0$。

　　场效应管也具有电流控制放大作用,体现栅源电压 u_{GS} 对漏极电流 i_D 的控制。场效应管可分为结型及绝缘栅型,每一种都又有 N 沟道和 P 沟道之分,绝缘栅型又有增强型和耗尽型两种类型。不同种场效应管在工作时,栅源电压 u_{GS} 在数值、极性上是不同的,也可根据这一点区分不同类型场效应管。此外,场效应管在保存、焊接、使用时要注意方法正确,以防损坏管子。

本章能力模块

　　通过本章的学习,应掌握二极管、三极管及场效应管的结构、符号、性质、主要参数及类型判别,为半导体器件的正确应用打下基础。

　　掌握二极管、三极管及场效应管类型、引脚、管子好坏的判别方法。会应用晶体管特性图示仪测试半导体器件的伏安特性曲线。用万用表测试二极管引脚极性及正偏和反偏的电阻;测试三极管的引脚、管子类型。掌握场效应管的正确使用方法。

　　本章建议做的实验如下。

　　(1)半导体元器件的测试。用万用表测试常用二极管引脚的极性,正偏及反偏电阻和管子好坏的判别;三极管的引脚、类型、放大系数及好坏的判别。

　　(2)半导体元器件的伏安特性的测试。掌握晶体管特性图示仪测试、观察二极管、三极管及场效应管的方法。

　　(3)用软件仿真半导体元器件的特性。用软件仿真二极管的单向导电特性、三极管的电流放大作用、场效应管的电流放大作用,根据教材内容搭接相应电路,并测试对应参数。

习　题

1.1　如图 1-34 所示电路,二极管导通时压降为 0.7V,反偏时电阻为∞,求 U_{AO}。

图 1-34　习题 1.1 图

1.2　如图 1-35 所示电路,判断各二极管处于何种工作状态。设管子导通正偏电压为 $U_F=0.7V$,反偏电流为零,求 U_{AO}。

(a)　　　　　　　　　　　　　(b)

图 1-35　习题 1.2 图

1.3　如图 1-36 所示稳压电路,其中 $U_{Z_1}=6.5V$,$U_{Z_2}=5V$,两管正向导通电压均为 0.7V。该电路的输出电压为多大? 为什么?

图 1-36　习题 1.3 图

1.4　如图 1-37 所示电路,设二极管为理想的,试根据图 1-37(c)所示输入电压 u_i 的波形,画出输出电压 u_o 的波形。

1.5　如图 1-38 电路所示,稳压管 VZ_1 的稳定电压为 $U_{Z_1}=7V$,VZ_2 的稳定电压 $U_{Z_2}=5V$,输入电压 $u_i=10\sin\omega t$。画出输出电压 u_o 的波形。设稳压管的导通电压为 0.7V。

1.6　测得三极管的电流大小、方向如图 1-39 所示,试在图中标出各引脚,并确定管子的类型。

图 1-37 习题 1.4 图

图 1-38 习题 1.5 图   图 1-39 习题 1.6 图

1.7 三极管各电极实测数据如图 1-40 所示,试判断各个管子是 NPN 型还是 PNP 型?是硅管还是锗管?管子是否损坏,若未损坏,管子处于放大、饱和和截止中的哪个工作状态?

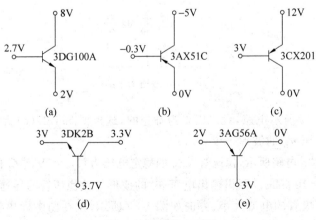

图 1-40 习题 1.7 图

1.8　在电子电路中测得某个三极管的管脚电位分别为 8V、4.5V、3.8V,试判别管子的三个电极,并说明它是硅管还是锗管。

1.9　测得工作在放大电路中的两个电极电流如图 1-41 所示,要求:

(1) 求出**另**一个电极电流,并在图中标山实际方向。

(2) 判断管子类型,并标出 e、b、c 极。

(3) 估算管子的电流放大系数 β 值。

图 1-41　习题 1.9 图

1.10　N 沟道绝缘栅增强型场效应管与 N 沟道绝缘栅耗尽型场效应管工作原理有何不同?分别说明增强型场效应管开启电压 $U_{GS(th)}$ 与耗尽型场效应管夹断电压 $U_{GS(off)}$ 的意义。

1.11　绝缘栅场效应管在使用和存放时应该注意什么?

第 2 章

放 大 电 路

　　模拟电子技术最基本的应用是对电信号进行放大。本章将从共射极放大电路入手,讨论放大电路的基本概念、基本组成及基本工作原理,内容包括静态工作点的设置、失真原因的分析、放大电路交流指标分析,对共集电极放大电路、共基极放大电路及场效应管构成的基本放大电路进行分析,并对多级放大电路的耦合方式、差动放大电路及频率特性进行分析。

　　放大电路也叫放大器,包括电流放大器、电压放大器和功率放大器等。放大器的目的是将微弱的变化信号放大成较大的信号,其实质是利用晶体管或场效应管的电流或电压控制作用,将微弱的输入信号增强到所要求的输出信号并推动执行机构工作。

　　放大电路的种类很多。按工作频率可以分为直流放大器、低频放大器、中频放大器、高频放大器和视频放大器等;按用途可以分为电流放大器、电压放大器和功率放大器;按工作状态可以分为弱信号放大器和高频功率放大器;按信号大小可以分为小信号放大电路和大信号放大电路。本章主要介绍低频小信号放大电路的结构、功能、分析。

2.1　共射放大电路

　　本节讨论应用最广的共射放大电路,它是组成放大系统的最基本单元。

2.1.1　共射基本放大电路的组成

动画:三极管
放大电路信号
传输

　　图 2-1 为单管共射放大电路,它由三极管、电阻、电容和直流电源组成。电路工作时,输入信号 u_i 经电容 C_1 加到三极管的基极与发射极之间,放大后的信号 u_o 通过电容 C_2 从三极管的集电极与发射极之间取出。各元件的作用如下。

图 2-1　单管共射放大电路

　　三极管 VT:图中为 NPN 型半导体三极管,它是放大电路的核心元件,起电流放大作用。为使其具备放大条件,电路的电源和有关电阻的选择,应使 VT 的发射结处于正向偏置,集电结处于反向偏置状态。

　　集电极直流电源 V_{CC}:放大电路的总能源,同时兼作偏置电源。其作用是保证三极管的发射结正偏、集电结反偏,使三极管处于放大状态,并提供放大电路的能量。

基极(偏置)电阻 R_B：它与直流电源 V_{CC} 配合,保证三极管发射结正偏,同时供给基极一定的直流电流 I_B。

集电极电阻 R_C：它与集电极直流电源 V_{CC} 配合,使三极管的集电结反偏,保证三极管工作在放大区。集电极电阻的另一个作用是将放大后电流的变化转换为电压的变化送到输出端,从而实现放大电路的电压放大作用。

耦合电容 C_1、C_2：分别接在放大电路的输入端和输出端,起"隔直通交"的作用,在低频放大电路中通常采用容量较大的电解电容,接线时应注意它们的极性。

2.1.2　放大电路中各电量的表示方法

1. 电压、电流的方向规定

为了便于分析,规定电压都以输入、输出回路的公共端为负,其他各点为正;电流方向以三极管各电极电流的实际方向为参考方向。

2. 电压、电流符号的规定

在放大电路中,有直流分量、交流分量、瞬时值、有效值及最大值等参数,各符号表示如下。

(1) 直流分量,用大写字母和大写下标表示。如 I_B 表示基极的直流电流。

(2) 交流分量,用小写字母和小写下标表示。如 i_b 表示基极的交流电流。

(3) 交直流分量,表示直流分量和交流分量之和,即交流叠加在直流上,用小写字母和大写下标表示。如 i_B 表示基极电流总的瞬时值,其数值为 $i_B = I_B + i_b$。

(4) 交流有效值,用大写字母和小写下标表示。如 I_b 表示基极的正弦交流电流的有效值。

(5) 交流最大值,用交流有效值符号再增加小写 m 下标表示。如 I_{bm} 表示基极交流电流最大值。

3. 放大电路放大信号性能指标

放大电路放大信号的性能指标是为了衡量它的优劣而引入的。它是指在规定条件下,按照规定程序和测试方法所获得的有关数据。放大电路性能指标很多,且因电路用途不同而有不同的侧重。这里仅介绍其中几项指标的含义。

(1) 放大倍数

放大倍数又称增益,是衡量放大电路放大能力的指标,定义为输出信号(U_o、I_o、P_o)与输入信号(U_i、I_i、P_i)的比值。放大倍数主要有电压放大倍数、电流放大倍数以及功率放大倍数,下面分别介绍。

① 电压放大倍数。放大电路的电压放大倍数定义为输出电压有效值与输入电压有效值之比,即

$$A_u = \frac{U_o}{U_i} \tag{2-1}$$

它表示放大电路放大电压信号的能力。

② 电流放大倍数。放大电路电流放大倍数定义为输出电流有效值与输入电流有效值之比,即

$$A_i = \frac{I_o}{I_i} \tag{2-2}$$

它表示放大电路放大电流信号的能力。

③ 功率放大倍数。放大电路等效负载 R_L 上吸收的信号功率($P_o = U_o I_o$)与输入端的信号功率($P_i = U_i I_i$)之比,即

$$A_p = \frac{P_o}{P_i} = \frac{U_o I_o}{U_i I_i} = A_u A_i \tag{2-3}$$

它表示放大电路的功率放大能力。

在实际工作中,放大倍数常用分贝(dB)表示,定义为

$$A_u = 20\lg\frac{U_o}{U_i} = 20\lg A_u \tag{2-4}$$

$$A_i = 20\lg\frac{I_o}{I_i} = 20\lg A_i \tag{2-5}$$

$$A_p = 10\lg\frac{P_o}{P} = 10\lg A_p \tag{2-6}$$

注意:各种放大倍数仅在输出波形没有明显失真的情况下才有意义。

(2) 输入电阻和输出电阻

① 输入电阻。当输入信号源加进放大电路时,放大电路对信号源所呈现的负载效应用输入电阻 R_i 来衡量,它相当于从放大电路的输入端看进去的等效电阻。这个电阻的大小等于放大电路输入电压与输入电流的有效值之比,即

$$R_i = \frac{U_i}{I_i} \tag{2-7}$$

放大电路的输入电阻反映了它对信号源的衰减程度。在信号源内阻不变的情况下, R_i 越大, I_i 越小,加到输入端的信号 U_i 越接近信号源电压 U_s,放大电路对信号源的影响越小,因此,希望 R_i 大一些好。

② 输出电阻。当放大电路将信号放大后输出给负载 R_L 时,对负载而言,放大电路可视为具有内阻的信号源,该信号源的内阻又称为放大电路的输出电阻 R_o。它也相当于从放大电路输出端看进去的等效电阻。输出电阻 R_o 的测量方法之一是将输入信号电源短路(如是电流源则开放),保留其内阻,并在输出端将负载 R_L 取掉,且加一测试电压 U_o,测出它所产生的电流 I_o,则输出电阻的大小为

$$R_o = \frac{U_o}{I_o}\bigg|_{\substack{R_L = \infty \\ U_i = 0}} \tag{2-8}$$

放大电路的输出电阻的大小反映了它带负载能力的强弱。 R_o 越小,带负载能力越强。

2.2 放大电路的分析

对放大电路进行分析,首先需要明确其基本要求。放大电路的最终目的是不失真地放大交流信号,例如由接收机收到的广播电视信号,自动控制系统中由各种传感器检测并转换的交流信号。放大电路工作时,将这些信号加到输入回路,经放大后从输出回路取出去推动执行机构工作。而直流电源的作用,一是提供合适的偏置,使三极管导通并工作于线性放大区;二是提高直流电位,再经过耦合电容的隔直作用,将放大后的交流信号分离出来提供给负载。

因此放大电路工作时,交、直流共存,同时必须满足以下条件:

(1) 必须有合适的静态偏置,保证三极管始终工作在线性放大区。

(2) 对信号放大时,应保证输出信号尽量不失真。

(3) 放大倍数应尽可能大。

综上所述,对放大电路的分析应包含静态和动态两种情况。通常遵循"先静态,后动态"的分析原则,只有静态工作点合适,动态分析才有意义。

2.2.1　放大电路的静态分析

静态时,放大电路的输入信号为零,即 $u_i=0$,电路中各处的电压和电流均为直流参数,由直流电源确定。此时,电路中的电容由于对直流量呈现无穷大电抗而相当于开路。直流通路是直流电源作用所形成的电流通路,如图 2-2 所示,它用于分析放大电路的静态工作点。对放大电路进行静态分析时,可以采用近似估算法,也可以采用图解法,下面对这两种方法分别加以介绍。

图 2-2　直流通路

1. 用近似估算法确定静态工作点

所谓静态分析,是根据直流通路计算基极电流 I_{BQ}、集电极电流 I_{CQ} 以及集射极之间的电压 U_{CEQ} 的值。由图 2-2 可得

$$I_{BQ}=\frac{V_{CC}-U_{BEQ}}{R_B} \tag{2-9}$$

$$I_{CQ}=\beta I_{BQ} \tag{2-10}$$

$$U_{CEQ}=V_{CC}-I_{CQ}R_C \tag{2-11}$$

式(2-9)中的 U_{BEQ} 为发射结导通后的管压降,硅管约为 0.7V,锗管约为 0.3V。

【例 2-1】 估算图 2-1 共射极放大电路的静态工作点。其中 $R_B=300\mathrm{k}\Omega$,$R_C=3\mathrm{k}\Omega$,$V_{CC}=12\mathrm{V}$,$\beta=50$,三极管为硅管,U_{BEQ} 取 0.7V。

解　静态工作点的估算应用直流通路分析、计算。估算法的一般步骤如下。

(1) 画出放大电路的直流通路

由于电容对直流相当于开路,将图 2-1 中 C_1、C_2 开路,得到如图 2-2 所示的直流通路。

(2) 根据基极回路求 I_{BQ}

由式(2-9)可求得

$$I_{BQ}=\frac{V_{CC}-U_{BEQ}}{R_B}\approx\frac{V_{CC}}{R_B}=\frac{12}{300}=0.04(\mathrm{mA})$$

(3) 由三极管的电流分配关系求 I_{CQ}

由式(2-10)可求得

$$I_{CQ}=\beta I_{BQ}=50\times0.04=2(\mathrm{mA})$$

(4) 由集电极回路求 U_{CEQ}

由式(2-11)可求得

$$U_{CEQ}=V_{CC}-R_C I_{CQ}=12-2\times3=6(\mathrm{V})$$

2. 用图解法确定静态工作点

所谓图解法,就是在三极管的输入、输出特性曲线上,通过作图的方法来分析放大电路的工作情况。

用图解法确定放大电路的静态工作点的步骤如下。

(1) 确定基极电流 I_{BQ}(由式(2-9)估算)。

(2) 作直流负载线与输出特性曲线。

图 2-3(a)所示电路是直流通路的输出回路。它由两部分组成:左边是非线性部分,由三极管组成;右边是线性部分,由电源 U_{CC} 和 R_C 组成,又称外部电路。由于三极管和外部电路一起构成输出回路的整体,因此在这个电路中的参数 i_C 和 u_{CE},既要满足三极管的输出特性 $i_C = f(u_{CE})|_{i_B} = $ 常数,又要满足外部电路的伏安关系,因此只能工作在两者的交点。

图 2-3   用图解法确定静态工作点

(a) 直流通路的分割;(b) 图解分析

由图 2-3(a)可写外部电路的伏安关系为

$$u_{CE} = V_{CC} - i_C R_C \tag{2-12}$$

这是一条直线方程,其斜率为 $-\dfrac{1}{R_C}$,由于讨论的是静态工作情况,电路中的电压和电流都是指直流量,所以把这条直线称为放大电路的直流负载线。在输出特性曲线上作出直流负载线,令 $i_C = 0$,则 $u_{CE} = V_{CC}$,在横轴上得 M 点$(V_{CC}, 0)$;再令 $u_{CE} = 0$,则 $i_C = \dfrac{V_{CC}}{R_C}$,在纵轴上得 N 点$\left(0, \dfrac{V_{CC}}{R_C}\right)$。连接 M、N 两点,便得到了外部电路的伏安特性曲线,如图 2-3(b)所示。

(3) 确定静态工作点 Q。

直流负载线与 $i_B = I_B$ 对应的那条输出特性曲线的交点 Q,即为静态工作点,如图 2-3(b)所示。Q 点的横坐标值是静态电压 U_{CEQ},纵坐标值是静态电流 I_{CQ}。

2.2.2   放大电路的动态分析

动态时,放大电路中有交流信号输入,电路中的电压、电流均要在静态的基础上随输入信号的变化而变化。交流通道是交流信号作用所形成的电流通道。在交流通道中,大容量的电容因对交流信号容抗可忽略不计而相当于短路。对放大电路进行动态分析时，常采用图解法和微变等效电路分析法。下面对这两种方法加以介绍。

1. 用图解法分析动态工作情况

动态工作情况的图解法是在静态图解分析的基础上进行的，具体分析步骤如下。

（1）根据 u_i 的波形在三极管输入特性曲线上作出 i_B 的波形

在分析放大电路动态工作情况时，常在输入端加入一个正弦交流信号 $u_i = U_{Im} \sin\omega t$。动态时基极和发射极之间电压为 u_i 与 U_{BEQ} 之和，即 $u_{BE} = U_{BEQ} + u_i$。因为 u_{BE} 是变化量，所以会引起基极电流 i_B 作相应变化，即 $i_B = I_{BQ} + i_b$，其中 $i_b = I_{bm}\sin\omega t$。根据已求得的 I_{BQ} 在输入特性曲线上找到 Q 点，并对应画出 u_{BE} 和 i_B 的波形图，如图 2-4(a)所示。

(a)

(b)

图 2-4　放大电路动态分析图解法

(a) 输入回路求 i_B；(b) 输出回路求 i_C 和 u_{CE}

（2）由输出特性和输出负载求 i_C 和 u_{CE}

如前所述，基极总电流 i_B 是在静态值 I_{BQ} 的基础上叠加一个随 u_i 按照正弦规律变化的交流量 i_b，则集电极总电流 $i_C=I_{CQ}+i_c=I_{CQ}+I_{cm}\sin\omega t$ 也是按照正弦规律变化的。同理，$u_{CE}=U_{CC}-i_cR_C=U_{CC}-(I_{CQ}+i_c)R_C=U_{CEQ}+I_{cm}R_C\sin(\omega t-\pi)=U_{CEQ}+U_{cem}\sin(\omega t-\pi)=U_{CEQ}+u_{ce}$。总的管压降由于电容 C_2 起到隔直通交的作用，输出电压 $u_o=u_{ce}=U_{cem}\sin(\omega t-\pi)$。$i_C$、$u_{CE}$ 和 $u_o(=u_{ce})$ 的波形如图 2-4(b) 所示。

通过以上图解法的动态分析可以得到电路中电压、电流的变化及波形。

在图 2-1 中，若设输入信号为 $u_i=U_{im}\sin\omega t$，则各处电压电流变化情况分别如下。

① u_i 经 C_1 加到三极管的发射结，发射结总电压为直流电压 U_{BE} 与 u_i 的叠加，可表示为 $u_{BE}=U_{BE}+u_i$。

② 基极总电流为直流电流 I_B 与交流电流 i_b 的叠加，可表示为 $i_B=I_B+i_b$。

③ 经三极管放大后，集电极总电流为 $i_C=\beta i_B=\beta I_B+\beta i_b=I_C+i_c$。

④ 在输出端，R_C 上的总电压为 $R_Ci_C=R_CI_c+R_ci_c$。

⑤ 输出电压总量为 $u_{CE}=V_{CC}-R_Ci_C=(V_{CC}-R_CI_C)-R_ci_c=U_{CE}+u_{ce}$（式中 $u_{ce}=-i_cR_c$）。

⑥ u_{CE} 经电容 C_2 分离，直流分量被隔断，交流分量则到达负载，其值为 $u_{ce}=-i_cR_c$。各电压与电流的波形如图 2-5 所示。

2. 放大电路的交流通路

放大电路工作时，交直流共存，各行其道。对交流信号而言，直流电源 V_{CC}、耦合电容 C_1、C_2 均可视为短路，由此可得放大电路的交流通路，如图 2-6 所示。

3. 放大电路的低频小信号模型

对放大电路进行动态分析时，通常要计算电压放大倍数、输入电阻和输出电阻等性能指标。但由于三极管为非线性元件，不能利用线性电路的分析方法。为此，常采用放大电路的电路模型分析法。当放大电路的输入信号较小，以及静态工作点选得合适时，三极管处于线性放大状态。这时，可以把三极管当作线性元件处理，作出它的小信号模型。其方法如下。

从三极管的输入端看，它是一个导通的 PN 结，可用一个电阻 r_{be} 来模拟，称之为三极管的输入电阻。在常温下，对于小功率三极管，可表示为

图 2-5 放大电路中电压和电流的波形

$$r_{be} = 300 + \frac{(1+\beta)26}{I_{EQ}} \qquad (2\text{-}13)$$

显然，r_{be} 是一个变量，与 β 和 I_{EQ} 有关。对于小功率管，当 $I_{CQ}=1\sim2\text{mA}$ 时，r_{be} 约为 $1\text{k}\Omega$。

从输出特性曲线看，放大区中的 i_c 与 u_{ce} 基本无关，仅取决于 i_b 的变化，因此相当于一个受 i_b 控制的受控电流源，即 $i_c=\beta i_b$。

将上述两模型的公共点相连，即可得到三极管的电路模型，如图 2-7 所示。

图 2-6 放大电路的交流通路

图 2-7 三极管的电路模型

仿真：提高三极管 β 值

用以上模型代替交流通路中的三极管，可得图 2-8 所示的放大电路的小信号电路模型，由于该电路是在小信号下得到的电路，因此又称其为微变等效电路。据此电路模型，可按照线性电路的分析方法进行计算。

图 2-8 放大电路的微变等效电路

动画：微变等效电路的画法

4. 动态性能参数

（1）电压放大倍数

$$A_u = \frac{u_o}{u_i} = \frac{-\beta i_b R_C}{i_b r_{be}} = -\frac{\beta R_C}{r_{be}} \qquad (2\text{-}14)$$

式中，负号表示输出电压与输入电压的相位相反，称为反相。当电路中接有负载电阻 R_L 时，电压放大倍数为

$$A_u = -\frac{\beta(R_C /\!/ R_L)}{r_{be}} = -\frac{\beta R_L'}{r_{be}} \qquad (2\text{-}15)$$

式中，$R_L' = R_C /\!/ R_L$。

（2）输入电阻和输出电阻

一个放大电路的输入端总是与信号源相连，对信号源来说，它是一个负载，因此可用一个等效电阻替代，叫作放大电路的输入电阻。输入电阻可用来表征放大电路从信号源索取电流的能力。另外，放大电路的输出端总是与负载相连，对负载来说，它是一个电源，

该电源的内阻就是放大电路的输出电阻。输出电阻表征了放大电路带负载的能力。在图 2-8 中,输入电阻即从放大电路的输入端看到的等效电阻,即

$$R_{\mathrm{i}} = R_{\mathrm{B}} /\!/ r_{\mathrm{be}} \qquad (2\text{-}16)$$

实际电路中,R_{B} 比 r_{be} 大得多,因此 $R_{\mathrm{i}} \approx r_{\mathrm{be}}$。

在图 2-8 中,输出电阻即从放大电路的输出端看到的等效电阻,即

$$R_{\mathrm{o}} = R_{\mathrm{c}} \qquad (2\text{-}17)$$

仿真:负载对
放大电路的
影响

实际工作中,总希望输入电阻高一些,以减小信号源的负担。同时希望输出电阻低一些,以提高放大电路的带载能力。

需特别指出的是,输出电阻 R_{o} 为放大电路起信号源作用时的内阻,计算时不应计入负载电阻 R_{L}。

【例 2-2】 在例 2-1 中,若 $r_{\mathrm{be}} = 1\mathrm{k\Omega}$,试分别求出空载($R_{\mathrm{L}} = \infty$)和负载电阻 $R_{\mathrm{L}} = 1\mathrm{k\Omega}$ 时的电压放大倍数 A_{u}。

解 $R_{\mathrm{L}} = \infty$ 时,由式(2-14)得

$$A_{\mathrm{u}} = -\frac{\beta R_{\mathrm{C}}}{r_{\mathrm{be}}} = -\frac{50 \times 3}{1} = -150$$

$R_{\mathrm{L}} = 1\mathrm{k\Omega}$ 时,由式(2-15)得

$$A_{\mathrm{u}} = -\frac{\beta R_{\mathrm{L}}'}{r_{\mathrm{be}}} = -\frac{50 \times (3 /\!/ 1)}{1} = -37.5$$

2.3 静态工作点的稳定电路

2.3.1 温度对静态工作点的影响

温度对静态工作点的影响如下。

动画:温度对
Q 点的影响

1. 温度对 β 的影响

温度升高,β 增大,输出特性曲线族间隔变宽。因此,由于特性曲线的变化,Q 点将上移,其结果是 I_{C} 增大,可能会进入饱和区,放大能力减弱。

2. 温度对 I_{CBO} 的影响

温度升高,I_{CBO} 增大,输出特性曲线将上移,同时 Q 点也随之上移,向饱和区移动,放大能力减弱。

需要注意的是,硅管 I_{CBO} 较小,其影响可忽略,但对工作在较高温度下的大功率硅管,温度影响就不能忽略。锗管 I_{CBO} 较大,温度是造成锗管工作点不稳定的主要因素。

3. 温度对 U_{BEQ} 影响

温度升高,U_{BEQ} 减小,输入特性曲线左移,换个角度思考,也就是说当温度升高时,I_{BQ} 将增大,工作点上移,造成 I_{CQ} 的不稳定。

综上所述,温度升高,在三极管的输出特性曲线上,Q 点将上移,接近或进入饱和区;温度下降,Q 点将下移,向截止区移动。

2.3.2 分压式偏置电路

上面所讨论的放大电路是以输出信号不失真为前提的。如果没有合适的静态工作点,放大后的波形与输入信号的波形将不能保持一致而产生非线性失真。

1. 静态工作点的设置与调整

共射极放大电路线性放大的首要条件是静态工作点设置在放大区,如图 2-9 中的 Q 点附近。若 Q 点太低,如 Q_1 点,即便输入信号 u_i 为正弦波,但在 u_i 的负半周,由于三极管接近截止区,i_c 的负半周的波形将被削底而产生截止失真,如图 2-10(b)所示。若 Q 点太高,如 Q_2 点,在 u_i 的正半周,由于三极管接近饱和区,i_c 的正半周的波形将被削顶而产生饱和失真,如图 2-10(a)所示。此外,若输入信号太大,超出三极管线性放大区域,则 i_c 的正负半周均被削波,称为双向限幅失真,如图 2-10(c)所示。

图 2-9 静态工作点的设置

截止失真、饱和失真和双向限幅失真统称为非线性失真。

(a)   (b)   (c)

图 2-10 放大电路的非线性失真

调节基极偏流电阻 R_B 是调整静态工作点保证放大电路线性放大的最有效途径。减小偏流电阻,可使 I_B 增大,使工作点上移偏离截止区。增大 R_B,可使 I_B 减小,使工作点下移偏离饱和区。

2. 静态工作点的稳定——分压偏置电路

(1) 稳定工作点的原理

在图 2-1 所示的基本放大电路中,基极电流 I_B 由式(2-9)确定,因此一旦设定 R_B,I_B 就固定不变,故称该电路为固定偏置电路。

固定偏置电路的特点是简单易调,但 Q 点易受外界条件的影响,例如温度变化、电源电压波动、三极管老化等。尤其是温度的影响最为显著,当温度升高时,β 和 I_{CEO} 随之增大,从而引起 I_C 增大,以致影响 Q 点的稳定。通常采用图 2-11(a)所示的固定基极电位的分压偏置电路,达到自动稳定 Q 点的目的。

该电路的工作特点:一是利用 R_{B1} 和 R_{B2} 的串联分压原理来固定基极电位;二是利用发射极电阻 R_E 上的电压调节 U_{BE} 的大小从而抑制 I_C 的变化。

在直流通路中,若使 $I_2 \gg I_B$,则 R_{B1} 与 R_{B2} 近似为串联关系,基极电位为

$$V_B = \frac{R_{B2}}{R_{B1} + R_{B2}} V_{CC} \tag{2-18}$$

图 2-11　分压偏置电路

(a) 基本电路；(b) 直流通道

在输入回路，净输入信号为 $U_{BEQ}=V_B-V_E=V_B-I_ER_E$，则集电极电流为

$$I_{CQ}\approx I_{EQ}=\frac{V_B-U_{BEQ}}{R_E} \tag{2-19}$$

$$U_{CEQ}=V_{CC}-I_{CQ}(R_C+R_E) \tag{2-20}$$

以上两式说明，在一定条件下，V_B、I_{CQ} 和 I_{EQ} 只取决于 V_{CC} 和各电阻参数，与 β 和温度无关，静态工作点因此得以稳定。即便是更换三极管，也不会改变已设置好的工作点。

但是还需要指出，接入 R_E 后，交流净输入信号会因 R_E 上的压降而减小，因此放大倍数有所降低。在实际使用中，由于 V_{CC} 的限制，R_E 的阻值太大会使晶体管进入饱和区，电路不能正常工作，因此稳定工作点的条件为：① $I_2\gg I_B$，对于硅管取 $I_2=(5\sim10)I_B$，对锗管取 $I_2=(10\sim20)I_B$；② $V_B\gg U_{BEQ}$，对于硅管取 $V_B=3\sim5V$，锗管取 $V_B=1\sim3V$。

(2) 静态工作点的估算

根据图 2-11(b)所示的直流通道，有

$$U_{BQ}=\frac{R_{B2}}{R_{B1}+R_{B2}}U_{CC} \tag{2-21}$$

射极电流为

$$I_{CQ}\approx I_{EQ}=\frac{U_{BQ}-U_{BEQ}}{R_E} \tag{2-22}$$

三极管压降为

$$U_{CEQ}=U_{CC}-I_{CQ}(R_C+R_E) \tag{2-23}$$

(3) 动态分析

C_E 短路的微变等效电路如图 2-12(a)所示。

电压放大倍数：

$$A_u=\frac{\dot{U}_o}{\dot{U}_i}=-\beta\frac{R'_L}{r_{be}}\quad(R'_L=R_C\ /\!/\ R_L) \tag{2-24}$$

输入电阻：

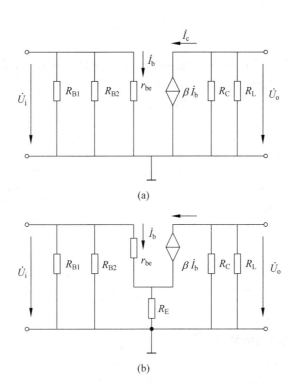

图 2-12　分压偏置电路的微变等效电路

（a）C_E 短路的微变等效电路；（b）C_E 开路的微变等效电路

$$r_i = \frac{\dot{U}_i}{\dot{I}_i} = R_{B1} \; /\!/ \; R_{B2} \; /\!/ \; r_{be} \tag{2-25}$$

输出电阻：

$$r_o = R_C \tag{2-26}$$

当旁路 C_E 开路时，微变等效电路如图 2-12（b）所示，动态参数计算如下：

$$A_u = \frac{\dot{U}_o}{\dot{U}_i} = -\beta \frac{\dot{I}_C(R_C \; /\!/ \; R_L)}{\dot{I}_b r_{be} + \dot{I}_e R_E} = \frac{-\beta \dot{I}_b(R_C \; /\!/ \; R_L)}{\dot{I}_b r_{be} + (1+\beta)\dot{I}_b R_E}$$

$$= -\beta \frac{R_C \; /\!/ \; R_L}{r_{be} + (1+\beta)R_E} \tag{2-27}$$

$$r_i = \frac{\dot{U}_i}{\dot{I}_i} = R_{B1} \; /\!/ \; R_{B2} \; /\!/ \; [r_{be} + (1+\beta)R_E] \tag{2-28}$$

$$r_o = R_C \tag{2-29}$$

2.4　共集电极放大电路和共基极放大电路

2.4.1　共集电极放大电路

除共射放大电路外，单管放大电路还有共集电极和共基极两种组态，本小节先讨论共集电极放大电路。

图 2-13(a)所示为共集电极放大电路的原理图,基极为输入端,发射极为输出端。在图 2-13(c)所示的交流通路中,由于 V_{CC} 相当于短路,集电极便成为输入、输出回路的公共端,故名共集电极放大电路,又称射极输出器。

图 2-13　共集电极放大电路

动画:射极
输出器

1. 共集电极放大电路的特点

(1) 静态工作点稳定

与分压式偏置电路相似,共集电极电路的射极电阻 R_E 也具有稳定静态工作点的作用。例如,当温度升高 I_{CQ} 随之增大时,R_E 上的压降也随之增大,因此导致 U_{BEQ} 下降,从而抑制了 I_{CQ} 的变化。由图 2-13(b)的直流通路可得

$$V_{CC} = I_{BQ}R_B + U_{BEQ} + I_{EQ}R_E \tag{2-30}$$

则

$$I_{CQ} \approx I_{EQ} = \frac{V_{CC} - U_{BEQ}}{R_E + R_B/(1+\beta)} \tag{2-31}$$

$$V_{CEQ} = V_{CC} - I_{CQ}R_E \tag{2-32}$$

(2) 放大倍数近似为 1

用三极管的电路模型代替交流通路中的三极管,可得小信号电路模型,如图 2-14 所示。

图 2-14　共集电极放大电路的小信号
电路模型

$$U_i = I_b r_{be} + (1+\beta)I_b R_E \tag{2-33}$$

$$U_o = (1+\beta)I_b R_E \tag{2-34}$$

$$A_u = \frac{U_o}{U_i} = \frac{(1+\beta)I_b R_E}{I_b r_{be} + (1+\beta)I_b R_E} = \frac{(1+\beta)R_E}{r_{be} + (1+\beta)R_E} \tag{2-35}$$

显而易见,共集电路的电压放大倍数恒小于 1。又由于 $r_{be} \ll (1+\beta)R_E$,$A_u \approx 1$,表明输出电压与输入电压近似相等,相位相同。因此共集电路又称为射极跟随器。

(3) 输入电阻高

射极跟随器的输入电阻高达几十到几百千欧。

$$R_i = R_B \;//\; \frac{U_i}{I_b} = R_B \;//\; [r_{be} + (1+\beta)R_E \;//\; R_L] \tag{2-36}$$

（4）输出电阻低

射极输出器的输出电阻仅为几欧到几百欧。利用含受控源电路求等效电阻的方法可得其表达式为

$$R_o = R_E \text{ // } \frac{r_{be}}{1+\beta} \tag{2-37}$$

2. 共集电极电路的应用

共集电极电路在放大电路系统中应用广泛。根据输入电阻高的特点，常用作多级放大电路的输入级，以减小信号源的输出电流，降低信号源负担。根据电压跟随和输出电阻低的特点，常用作多级放大电路的输出级，以获得较稳定的电压和较强的带载能力。也可用作隔离级（缓冲级），以隔断多级放大电路的前后级之间，或信号源与负载之间的相互影响。

但需要指出，共集电极电路虽无电压放大作用，但仍能放大电流，即 $I_c = \beta I_b$，因此依然可用于功率放大。

【例 2-3】　电路如图 2-15 所示。已知 $R_B = 200\text{k}\Omega$，$R_E = 3\text{k}\Omega$，信号源内阻 $R_s = 2\text{k}\Omega$，三极管的放大系数 $\beta = 80$，$r_{be} = 1\text{k}\Omega$。（1）求静态工作点；（2）求 $R_L = \infty$ 和 $R_L = 3\text{k}\Omega$ 时的 A_u、R_i 和 R_o。

图 2-15　例 2-3 图

解　（1）静态工作点

$$I_{BQ} = \frac{V_{CC} - U_{BEQ}}{R_B + (1+\beta)R_E} = 32(\mu A)$$

$$I_{CQ} \approx I_{EQ} = \beta I_{BQ} = 2.56(\text{mA})$$

$$U_{CEQ} = V_{CC} - I_{EQ}R_E = 7.3(\text{V})$$

（2）输入电阻和电压放大倍数

$R_L = \infty$ 时

$$A_u' = \frac{(1+\beta)R_E}{r_{be} + (1+\beta)R_E'} \approx 0.996$$

$$r_i = R_B \text{ // } [r_{be} + (1+\beta)R_L'] \approx 110(\text{k}\Omega)$$

$$r_o = R_E \text{ // } \frac{r_{be}}{1+\beta} \approx 37(\Omega)$$

$R_L = 3\text{k}\Omega$ 时

$$A_u = \frac{(1+\beta)R_E \mathbin{/\mkern-5mu/} R_L}{r_{be} + (1+\beta)R_E \mathbin{/\mkern-5mu/} R_L} = 0.992$$

$$R_i = R_B \mathbin{/\mkern-5mu/} [r_{be} + (1+\beta)R_E \mathbin{/\mkern-5mu/} R_L] = 76(\text{k}\Omega)$$

$$R_o = R_E \mathbin{/\mkern-5mu/} \frac{r_{be}}{1+\beta} = 37(\Omega)$$

2.4.2 共基极放大电路

利用了三极管的电流控制关系,将信号从三极管的发射极输入,从集电极输出即组成共基极放大电路。原理电路如图 2-16(a)所示的电路:R_C 为集电极电阻,R_{b1} 和 R_{b2} 为基极偏置电阻用来保证三极管有合适的 Q 点。

图 2-16(b)是它的交流通路。由交流通路可见,输入电压 V_i 加在发射极与基极之间,而输出电压 V_o 从集电极和基极两端取出,基极是输入、输出电路的共同端点故称为共基极放大电路。

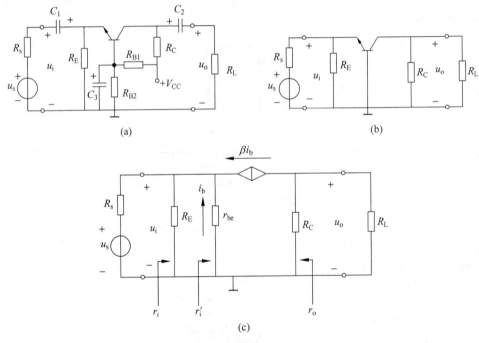

图 2-16　共基极放大电路

(a) 基本电路;(b) 交流通道;(c) 微变等效电路

下面对共基极放大电路的几个参量计算作简单分析。

1. 静态工作点

共基极放大电路的直流通道与分压式偏置电路完全相同,因此工作点求法也完全相同,不再重复,读者可以自行分析。

2. 动态分析

先画出共基极电路的微变等效电路,如图 2-16(c)所示,然后求其动态指标。

(1) 电压放大倍数

由图 2-16(c),可得

$$u_i = -i_b r_{be}$$

$$u_o = -i_C R_L' = -i_b \beta R_L' \quad (R_L' = R_C \mathbin{/\mkern-5mu/} R_L)$$

$$A_u = \frac{u_o}{u_i} = \frac{\beta R_L'}{r_{be}} \tag{2-38}$$

从上面的分析可以看出,共基极放大电路在数值上与共射极放大电路相同,只差一个负号。因此,共基极放大电路 u_i 和 u_o 同相,而共射极 u_i 和 u_o 反相。

(2) 输入电阻 r_i

先求图 2-16(c)中三极管的发射极与基极之间的等效电阻。

$$R_i' = \frac{u_i}{-i_e} = \frac{-i_b r_{be}}{-i_e} = \frac{r_{be}}{1+\beta} \tag{2-39}$$

三极管的共基输入电阻 R_i' 为共射输入电阻 r_{be} 的 $\dfrac{1}{1+\beta}$,这是因为共基输入电流 i_e 为共射输入电流 i_b 的 $(1+\beta)$ 倍。电路的输入电阻为

$$R_i = R_E \mathbin{/\mkern-5mu/} R_i' = R_E \mathbin{/\mkern-5mu/} \frac{r_{be}}{1+\beta} \approx \frac{r_{be}}{1+\beta} \tag{2-40}$$

因此,共基极放大电路的输入电阻较低,一般只有几欧到几十欧。

(3) 输出电阻

由图 2-16(c)可以看出,共基极放大电路的输出电阻为

$$R_o = R_C \tag{2-41}$$

可见,共基极放大电路的输出电阻较高。

综上所述,三种放大电路共射、共集、共基各有特点,是放大电路的基础,现将三种基本放大电路的特点总结于表 2-1。

表 2-1　三种放大电路的特点

电路组态	共射极放大电路	共集电极放大电路	共基极放大电路
电路举例	图 2-1	图 2-13	图 2-16
R_i	$R_B \mathbin{/\mkern-5mu/} r_{be} \approx r_{be}$(中)	$r_{be} + (1+\beta)R_E$ (高)	$R_E \mathbin{/\mkern-5mu/} \dfrac{r_{be}}{1+\beta} \approx \dfrac{r_{be}}{1+\beta}$ (低)
R_o	R_C(高)	$R_E \mathbin{/\mkern-5mu/} \dfrac{r_{be}}{1+\beta}$(低)	$R_o = R_C$(高)
A_u	$-\dfrac{\beta R_L'}{r_{be}}$	$\dfrac{(1+\beta)R_E}{r_{be}+(1+\beta)R_E} \approx 1$	$\dfrac{\beta R_L'}{r_{be}}$
相位	u_o 与 u_i 反相	u_o 与 u_i 同相	u_o 与 u_i 同相

2.5　多级放大电路

前面介绍的单管放大电路的放大倍数一般都较低,或其他性能指标(如输入、输出电阻等)达不到我们的要求。为了提高放大倍数,或改善电路性能,需要将若干个放大电路连接起来,构成多级放大电路。把多个单级放大电路串接起来,使输入信号 u_i 经过多次放大的电路,如图 2-17 所示。

图 2-17　多级放大器的框图

2.5.1　多级放大电路的耦合方式

多级放大电路之间的连接称为耦合,在多级放大电路中,每一个基本放大电路称为一级,各级之间的相互连接方式称为耦合,它的方式有多种。实际中常用的耦合方式有三种,即阻容耦合、直接耦合和变压器耦合。下面介绍它们的电路形式和主要性能。

1. 阻容耦合

阻容耦合的连接方法是通过电容和电阻把前级输出接至下一级输入。它的优点是各级静态工作点相对独立且便于调整;缺点是不能放大变化缓慢(直流)的信号且不便于集成。

图 2-18 所示为两级阻容耦合放大器,前后级之间通过电容 C_2 和后级的输入电阻 R_{i2} 连接,因此称为阻容耦合。因电容的隔直作用,各级静态工作点相互独立,在分析、设计、调试中可按各级单独处理。另外,由于电容对交流信号的容抗很小,只要 C_2 的容量选得合适,前级输出信号可以不衰减地传递到后级。阻容耦合放大器的低频特性较差,不能放大变化缓慢的信号和直流信号。又由于容量较大的电容不利于集成,多用于由分立元件组成的放大电路中。

图 2-18　两级阻容耦合放大电路

2. 直接耦合

为了避免电容对缓慢变化信号的影响,我们直接把两级放大电路接在一起,这就是直接耦合法。它的特点是既能放大交流信号,也能放大直流信号,便于集成,但是直接耦合存在零漂现象。

图 2-19 所示为两级直接耦合放大电路。该电路结构简单,能直接传输前后级信号,因此低频特性较好;又因为无耦合电容,便于集成。但由于前后级之间存在直流通路,例如前级的集电极电位恒等于后级的基极电位,前级的集电极电阻又是后级的偏流电阻,因此前后级静态工作点相互影响。实际工作中必须采取一定的措施,以保证各级都有合适的静态工作点。

3. 变压器耦合

变压器耦合主要用于功率放大电路,它的优点是可变化电压和实现阻抗变换,工作点相对独立;缺点是体积大,不能实现集成化,频率特性差。

图 2-20 所示为两级变压器耦合放大电路。由于变压器的隔直作用,两级放大电路的静态工作点相互独立,其分析计算与单级电路相同。而对于交流信号,变压器则起传输作用。此外,变压器耦合电路可实现阻抗匹配,在功率放大电路中应用方便。但电路不能放大直流和低频信号,且因变压器自身体积和重量大,不利于电路的集成化。

图 2-19　两级直接耦合放大电路

图 2-20　两级变压器耦合放大电路

2.5.2　多级放大电路的分析

进行多级放大电路的分析时,必须考虑级与级之间的相互影响。

1. 静态分析

若多级放大电路之间的耦合方式是阻容耦合或者是电隔离耦合,由于各级的工作点相互独立,因此在静态分析时可分别单独计算,计算的方法与单级放大电路相同,在这里不再详细介绍。若两级之间是直接耦合,由于各级的工作点相互影响,计算较为复杂,需要进行一些合理的假设,估算各级的静态工作点。例如,后级基极电流因远小于集电极电流,在计算前级的集电极电流时可以忽略。

2. 动态分析

(1) 电压放大倍数 A_u

多级放大电路的倍数等于各级放大电路倍数的乘积,即

$$A_u = A_{u1} \times A_{u2} \times \cdots \times A_{un} \tag{2-42}$$

（2）输入电阻和输出电阻

对于多级放大电路来说,输入级的输入电阻就是输入电阻;输出级的输出电阻就是输出电阻。我们在设计放大电路的输入级和输出级时主要是考虑输入电阻和输出电阻的要求。

$$R_i = R_{i1} \tag{2-43}$$

$$R_o = R_{on} \tag{2-44}$$

【例 2-4】   如图 2-21 所示,$\beta_1 = \beta_2 = 50$,$r_{bb1} = r_{bb2} = 100\Omega$,$V_{CC} = 24\text{V}$。要求:

（1）画出微变等效电路图。

（2）确定两管的静态电流 I_{C1}、I_{C2}。

（3）求电路的放大倍数 A_u。

（4）求输入电阻 R_i 和输出电阻 R_o。

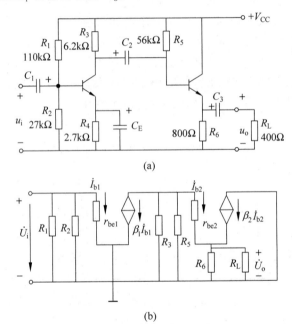

图 2-21   例 2-4 图

(a) 电路图；(b) 微变等效电路

解   （1）微变等效电路图如图 2-21(b)所示。

（2）由图 2-21 可得

$$U_{B1} \approx \frac{R_2 \cdot V_{CC}}{R_1 + R_2} = \frac{27 \times 24}{110 + 27} \approx 4.7(\text{V})$$

$$I_{C1} \approx I_{E1} = \frac{U_{B1} - U_{BE1}}{R_4} = \frac{4.7 - 0.7}{2.7} \approx 1.5(\text{mA})$$

$$I_{B2} = \frac{V_{CC} - U_{BE2}}{R_2 + (1 + \beta_2)R_6} = \frac{24 - 0.7}{56 + 51 \times 0.8} \approx 0.24(\text{mA})$$

故 $$I_{C2} \approx \beta_2 I_{B2} = 50 \times 0.24 = 12(\text{mA})$$

（3）三极管的输入电阻

$$r_{be1} = r_{bb1} + (1+\beta_1)\frac{26}{I_{E1}} = 100 + \frac{51 \times 26}{1.5} \approx 984 = 0.984(\text{k}\Omega)$$

$$r_{be2} = r_{bb2} + (1+\beta_2)\frac{26}{I_{E2}} = 100 + \frac{26}{0.24} \approx 208 = 0.208(\text{k}\Omega)$$

$$R_{i2} = R_5 \; /\!/ \; [r_{be2} + (1+\beta_1)(R_6 \; /\!/ \; R_L)]$$
$$= 56 \; /\!/ \; [0.208 + (1+50)(0.8 \; /\!/ \; 0.4)] \approx 11(\text{k}\Omega)$$

第一级电路的电压放大倍数

$$A_{u1} = -\beta_1 \frac{R_C \; /\!/ \; r_{i2}}{r_{be1}} = -50 \times \frac{6.2 \; /\!/ \; 11}{0.984} \approx -202$$

第二级电路的电压放大倍数

$$A_{u2} = \frac{(1+\beta_2)(R_6 \; /\!/ \; R_L)}{r_{be2} + (1+\beta_2)(R_6 \; /\!/ \; R_L)} = \frac{(1+50)(0.8 \; /\!/ \; 0.4)}{0.208 + (1+50)(0.8 \; /\!/ \; 0.4)} \approx 0.985$$

电压总的放大倍数

$$A_u = A_{u1} \cdot A_{u2} = -202 \times 0.985 \approx -199$$

（4）$R_i = R_{i1} = R_1 /\!/ R_2 /\!/ r_{be1} = 110 /\!/ 27 /\!/ 0.985 \approx 0.96(\text{k}\Omega)$

$$R_o = R_6 \; /\!/ \; \frac{r_{be2} + R_5 \; /\!/ \; R_3}{1+\beta_2} = 0.8 \; /\!/ \; \frac{0.208 + (56 \; /\!/ \; 6.2)}{1+50} \approx 0.099(\text{k}\Omega)$$

2.5.3 直接耦合放大电路存在的问题

所谓直接耦合放大器就是放大器与信号源、负载以及放大器之间采用导线或电阻直接连接。直接耦合放大器具有较好的低频响应,可以放大频率等于零的直流信号或变化缓慢的交流信号。

直接耦合放大电路虽然具有显著的优点,但是,在直接耦合的多级放大电路中,由于无隔直电容,因此存在两个突出问题:一是各级静态工作点相互影响;二是存在零点漂移问题。下面就这两个问题分别讨论。

1. 各级静态工作点相互影响

简单的两级直接耦合放大电路如图 2-22 所示。

从图中可以看出,由于 $V_{C1} = V_{BE2}$,而 V_{BE2} 很小,使 VT_1 的工作点接近于饱和区,限制了输出的动态范围。因此,要想使直接耦合放大器能正常工作,就必须解决前后级直流电位的配合问题。

2. 零点漂移问题

零点漂移是指当输入信号为零时(即输入端短路时),在放大器输出端会出现一个变化不定的输出信号,使输出电压偏离起始值而上下波动。这个现象叫作零点漂移,简称零漂。产生漂移的原因有温度变化、电源电压波动、元器件参数变化等,其中以温度变化所引起的影响最大,所以零漂也称温漂,如图 2-23 所示。

图 2-22   简单的两级直接耦合电路

图 2-23   零点漂移现象

在多级放大电路中,零漂的危害是很大的,第一级因某种原因产生的零漂会被逐级放大,使末级输出端产生较大的漂移电压,无法区分信号电压和漂移电压,严重时漂移电压甚至把信号电压淹没了。因此抑制零漂是直接耦合放大器的主要问题。

2.5.4   差动放大电路

1. 基本差动放大电路的组成

图 2-24 为一个基本的差动放大电路。它是由完全对称的左、右两个单管放大电路组成,要求两个三极管的特性完全相同,外接电阻对称,各元件的温度特性相同。

图 2-24   基本的差动放大电路

差动电路有抑制零点漂移的能力,它的工作原理是:当输入信号 $u_{i1} = u_{i2} = 0$ 时,输出电压 $U_o = U_{o1} - U_{o2} = U_{C1} - U_{C2}$。当温度上升时,由于电路对称,两管电流均有相等增加,即 $U_{C1} = U_{C2}$,所以 $U_o = 0$,实现零输入零输出,也就是有效地抑制了零点漂移现象。

2. 差动放大电路基本概念

(1) 共模信号及共模电压的放大倍数 A_{uc}

所谓共模信号是指在差动放大管 VT_1 和 VT_2 的基极接入幅度相等、极性相同的信号,如图 2-25 所示。

共模信号的作用,对两管的作用是同向的,将引起两管电流同量的增加,集电极电位也同量减小,两管集电极输出共模电压 u_{oc} 为零。因此,差动电路对称时,对共模信号的抑制能力很强。

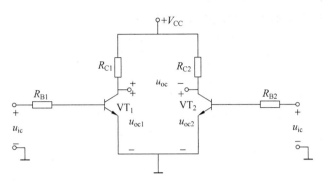

图 2-25 共模等效电路

（2）差模信号及差模电压放大倍数 A_{ud}

所谓差模信号是在差动放大管 VT_1 和 VT_2 的基极分别加入幅度相等而极性相反的信号，如图 2-26 所示。

图 2-26 差模等效电路

差模信号的作用，由于信号的极性相反，因此 VT_1 管的集电极电压下降，VT_2 管的集电极电压上升，且二者的变化量的绝对值相等。

$$A_{ud} = \frac{u_{od}}{u_{id}} = \frac{u_{o1} - u_{o2}}{u_{i1} - u_{i2}} = \frac{2u_{o1}}{2u_{i1}} = A_{ud1}$$

$$\approx -\frac{r_{be}}{R_{B2} + r_{be}} \cdot \frac{\beta_1 R_C}{r_{be}} = -\frac{\beta_1 R_C}{R_{B2} + r_{be}} \qquad (2\text{-}45)$$

由此可以看出差动电路的差模电压放大倍数等于单管电压的放大倍数。

输入端信号之差为 0 时，输出为 0；输入端信号之差不为 0 时，就有输出，因此被称为差动放大电路。

基本差动电路存在如下问题：电路难于绝对对称，输出仍然存在零漂；管子没有采取消除零漂的措施，有时会使电路失去放大能力；差动放大要对地输出，此时的零漂与单管放大电路一样。

为此我们要学习另一种差动放大电路——长尾式差动放大电路。

3. 长尾式差动放大电路

长尾式差动放大电路又被称为射极耦合差动放大电路，如图 2-27 所示。它在基本差动放大电路的基础上增加了一个公共射极电阻 R_E。

图 2-27　长尾式差动放大电路

　　在前面的章节我们已经学过,R_E 具有稳定静态工作点的作用,因此要想提高抑制零点漂移的能力,就必须增大 R_E,但是 R_E 越大,VT_1 和 VT_2 的管压降就越小,从而影响三极管的静态工作点的动态范围,所以需要在公共射极回路中增加一个负电源,从而把 R_E 上的压降补偿掉,保证三极管的静态工作点,如图 2-28 所示。

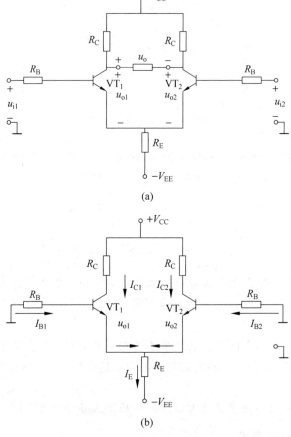

(b)

图 2-28　长尾式双电源供电差动放大电路

(a) 电路图;(b) 直流通路

（1）静态工作点

静态时，输入短路，由于流过电阻 R_E 的电流为 I_{E1} 和 I_{E2} 之和，且电路对称，$I_{E1} = I_{E2}$，因此

$$I_{C1} = I_{C2} \approx I_{E1} = \frac{V_{EE} - U_{BE}}{2R_E + \dfrac{R_B}{1 + \beta}} \tag{2-46}$$

由于一般情况下 $2R_E \gg \dfrac{R_B}{1 + \beta}$，且 $V_{EE} \gg U_{BE}$，故

$$I_{C1} = I_{C2} \approx I_{E1} = \frac{V_{EE}}{2R_E} \tag{2-47}$$

那么

$$I_{B1} = I_{B2} \approx \frac{I_{C1}}{\beta} \tag{2-48}$$

$$U_{CE1} = U_{CE2} \approx U_{CC} - I_C R_C \tag{2-49}$$

（2）对共模信号的抑制作用

在这里我们只学习共模信号对长尾电路中的 R_E 的作用。由于是同向变化的，因此流过 R_E 的共模信号电流是 $I_{E1} + I_{E2} = 2I_E$，对每一管来说，可视为在射极接入电阻为 $2R_E$。它的共模放大倍数为

$$A_{uc} = \frac{\beta R_L'}{R_B + r_{be} + 2(1 + \beta)R_E} \tag{2-50}$$

由此式可以看出，R_E 的接入使每一管的共模放大倍数下降了很多（对零漂具有很强的抑制作用）。

（3）对差模信号的放大作用

差模信号引起两管电流的反向变化（一管电流上升，一管电流下降），流过射极电阻 R_E 的差模电流为 $I_{E1} - I_{E2}$，由于电路对称，所以流过 R_E 的差模电流为零，R_E 上的差模信号电压也为零，因此射极视为地电位，此处"地"称为"虚地"。因此差模信号时，R_E 不产生影响。

由于 R_E 对差模信号不产生影响，故双端输出的差模放大倍数仍为单管放大倍数：

$$A_{ud} = -\frac{\beta R_L'}{R_B + r_{be}} \tag{2-51}$$

（4）共模抑制比

一般用共模抑制比（K_{CMR}）来衡量差动放大电路性能的优劣。K_{CMR} 定义如下：

$$K_{CMR} = \left| \frac{A_{ud}}{A_{uc}} \right| \tag{2-52}$$

它的值越大，表明电路对共模信号的抑制能力越好。有时还用对数的形式表示共模抑制比，即

$$K_{CMR} = 20\lg \left| \frac{A_{ud}}{A_{uc}} \right| \tag{2-53}$$

式中，$|A_{ud}|$为差模增益；$|A_{uc}|$为共模增益；K_{CMR} 的单位为 dB。

（5）一般输入信号情况

如果差动电路的输入信号既不是共模也不是差模信号时，就把输入信号分解为一对共模信号和一对差模信号，它们共同作用在差动电路的输入端。

【例 2-5】 如图 2-28(a)所示，已知差模增益为 48dB，共模抑制比为 67dB，$U_{i1}=5$V，$U_{i2}=5.01$V，试求输出电压 U_o。

解   因为 $$20\lg|A_{ud}|=48\text{dB}$$

所以 $$A_{ud}=-251$$

又因为 $$K_{CMR}=67\text{dB}$$

所以 $$K_{CMR}\approx2239$$

所以 $$A_{uc}=\frac{A_{ud}}{K_{CMR}}\approx0.11$$

输出电压为 $$U_o=A_{ud}U_{id}+A_{uc}U_{ic}=3.06(\text{V})$$

4. 具有恒流源的差动放大电路

长尾式差动电路由于接入 R_E，提高了共模信号的抑制能力，且 R_E 越大，抑制能力越强，但 R_E 增大，使得 R_E 上的直流压降增大，要使管子能正常工作，必须提高 V_{EE} 的值，这样做是很不划算的。因此可以用恒流源代替 R_E，它的电路图如图 2-29 所示。

三极管在放大区域具有恒流特性，恒流源对动态信号呈现出很大的动态电阻，而管压降 U_{CE} 却不大，因此可以不增大 V_{EE}。由于恒流源对差模放大倍数 A_{ud} 没有影响，对共模放大倍数 A_{uc} 相当于接了一个很大的电阻，从而使 $A_{uc}\to0$，此时共模抑制比趋向于∞。从而可以实现在不增加 V_{EE} 的同时，获得较大的共模抑制比的目的，提高了电路抑制零点漂移的能力。简化画法如图 2-29(b)所示。

5. 差动放大电路的接法

差动放大电路有两个输入端和两个输出端，因此信号的输入、输出方式有以下四种情况。

（1）双端输入、双端输出

双端输入、双端输出的电路的接法如图 2-30 所示。

差模电压的放大倍数为

$$A_{ud}=-\frac{\beta R_L'}{R_B+r_{be}} \tag{2-54}$$

$$R_L'=R_C \mathbin{/\mkern-5mu/} (R_L/2) \tag{2-55}$$

差模输入电阻：

$$r_{id}=2(R_B+r_{be}) \tag{2-56}$$

差模输出电阻：

$$r_{od}=2R_C \tag{2-57}$$

（2）双端输入、单端输出

双端输入、单端输出的电路接法如图 2-31 所示。

图 2-29 具有恒流源的差动放大电路

（a）电路图；（b）电路的简化画法

图 2-30 双端输入、双端输出差分放大电路

图 2-31 双端输入、单端输出差分放大电路

差模电压的放大倍数为

$$A_{ud} = -\frac{1}{2}\frac{\beta R'_L}{R_B + r_{be}} \tag{2-58}$$

$$R'_{L} = R_{C} /\!/ R_{L}$$

差模输入电阻

$$r_{id} = 2(R_{B} + r_{be}) \tag{2-59}$$

差模输出电阻

$$r_{od} = R_{C} \tag{2-60}$$

（3）单端输入、双端输出

单端输入、双端输出的电路接法如图 2-32 所示。

这种放大电路忽略共模信号的放大作用时，它就等效为双端输入的情况。双端输入的结论均适用单端输入、双端输出。

（4）单端输入、单端输出

单端输入、单端输出的电路的接法如图 2-33 所示。

它等效于双端输入、单端输出。这种接法的特点是：它比单管基本放大电路的抑制零漂的能力强，还可根据不同的输出端，得到同相或反相关系。

图 2-32　单端输入、双端输出差分放大电路

图 2-33　单端输入、单端输出差分放大电路

6. 总结

由以上内容可以看出：差动放大电路电压放大倍数仅与输出形式有关，只要是双端输出，它的差模电压放大倍数与单管基本的放大电路相同；如为单端输出，它的差模电压放大倍数是单管基本电压放大倍数的一半，输入电阻都相同。

2.5.5　多级放大电路的频率特性

下面学习放大电路对不同频率的响应，即放大电路的频率特性。

1. 频率特性概述

由于放大电路中存在电抗元件 C，因此它对不同频率呈现的阻抗不同，所以放大电路对不同频率成分的放大倍数和相位移不同。放大倍数与频率的关系称为幅频关系；相位与频率的关系称为相频关系。幅频特性和相频特性综合起来可全面表征放大器的频率响应。图 2-34(a)、(b)所示的是单级阻容耦合放大器的频率响应特性。从图中可以看出，在某一频率范围内，电压放大倍数 A_u 与频率没有关系，而相位差为 $180°$，这一频率范围称为中频区。

随着频率的降低或者升高,电压放大倍数减小,相位差也发生变化。为了衡量放大器的频率响应,规定放大倍数下降为 $0.707A_{um}$ 时所对应的两个频率,将它们分别称为下限截止频率 f_H 和下限截止频率 f_L,在 f_L 和 f_H 之间的频率范围称为通频带或者带宽,用 f_{BW} 表示。通频带是放大器频率响应的一个重要指标,通频带越宽,放人器工作的频率范围越宽,低于 f_L 的频率范围称为低频区,高于 f_H 的频率范围,称为高频区。

图 2-34　单级阻容耦合放大电路的频率响应特性

(a) 幅频特性曲线;(b) 相频特性曲线

2. 多级放大电路的频率特性

(1) 多级放大器频率响应表达式

多级放大器频率特性是以单级放大器为基础的。假设一个 n 级的放大器的每一级的电压放大倍数为 $\dot{A}_{u1},\dot{A}_{u2},\cdots,\dot{A}_{un}$,那么多级放大器总的电压放大倍数为各级放大器的电压放大倍数的乘积,即

$$\dot{A}_u = \dot{A}_{u1}\dot{A}_{u2}\cdots\dot{A}_{un} \tag{2-61}$$

那么

$$A_u = A_{u1}A_{u2}\cdots A_{un} = \prod_{k=1}^{n} A_{uk} \tag{2-62}$$

$$\varphi = \varphi_1 + \varphi_2 + \cdots + \varphi_n = \sum_{k=1}^{n} \varphi_k \tag{2-63}$$

由此可以看出,多级放大器总的电压放大倍数数值等于各级电压放大倍数数值的乘

积,总的相角是各级相角的代数和。

（2）多级放大器通频带计算

以一个具有相同特性参数的两级放大器为例,其上限频率为 f_H,下限频率为 f_L,那么

$$A_u = A_{u1} A_{u2} \tag{2-64}$$

$$A_{um} = A_{um1} A_{um2} \tag{2-65}$$

根据放大器通频带的定义,放大器的总的上下限频率 f'_L 和 f'_H 应该在 $0.707A_{um}$ 处,如图 2-35(c)所示。

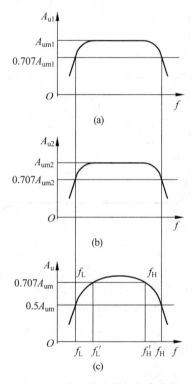

图 2-35 多级放大器的频率特性

（a）第 1 级放大器的频率特性；（b）第 2 级放大器的频率特性；（c）多级放大器的频率特性

由图可以看出,$f'_H < f_H$,$f'_L > f_L$,即两级总通频带变窄。因此,多级放大器的通频带比组成它的任何单级都窄,所以,虽然多级放大器的放大倍数增加了,但是通频带变窄了。

2.6 场效应管放大电路

场效应管是一种利用电场效应来控制其电流大小的半导体器件。这种器件不仅有体积小、重量轻、耗电省、寿命长等特点,而且还有输入阻抗高、噪声低、热稳定性好、抗辐射能力强和制造工艺简单等优点,因而大大地扩展了它的应用范围,特别是在大规模和超大

规模集成电路中得到了广泛的应用。

根据结构的不同,场效应管可分为两大类:结型场效应管(JFET)和金属-氧化物-半导体场效应管(MOSFET)。

场效应晶体管具有输入电阻高、噪声低等优点,常用于多级放大电路的输入级以及要求噪声低的放大电路。

场效应管的源极、漏极、栅极相当于双极型晶体管的发射极、集电极、基极。

场效应管的共源极放大电路和源极输出器与双极型晶体管的共发射极放大电路和射极输出器在结构上也相类似。

场效应管放大电路的分析与双极型晶体管放大电路一样,包括静态分析和动态分析。

2.6.1　场效应管的偏置电路

由场效应管组成放大电路时,为了能不失真地放大交流信号,也要设置合适的静态工作点 Q,而且场效应管是电压控制器件,因此需要有合适的栅-源偏置电压。常用的直流偏置电路有两种形式,即自偏压电路和分压式偏置电路,下面分别介绍。

1. 自偏压电路

图 2-36(a)所示电路是一个自偏压电路,其中场效应管的栅极通过电阻 R_g 接地,源极通过电阻 R 接地。这种偏置方式靠漏极电流 I_D 在源极电阻 R 上产生的电压为栅-源极间提供一个偏置电压 U_{GS},故称为自偏压电路。静态时,源极电位 $V_S=I_DR$。由于栅极电流为零,R_g 上没有电压降,栅极电位 $V_G=0$,所以栅源偏置电压

$$U_{GS}=V_G-V_S=-I_DR \qquad (2-66)$$

图 2-36　场效应管的自偏压电路

(a) 自偏压电路;(b) 特例

图 2-36(b)所示电路是自偏压电路的特例,其中 $U_{GS}=0$。显然,这种偏置电路只适用于耗尽型 MOS 管,因为在栅-源电压大于零、等于零和小于零的一定范围内,耗尽型 MOS 管均能正常工作。

增强型 MOS 管只有在栅-源电压达到其开启电压 V_T 时才有漏极电流 I_D 产生,因此这类管子不能用于图 2-36 所示的自偏压电路中。

图 2-37　分压式偏置电路

2. 分压式偏置电路

分压式偏置电路是在自偏压电路的基础上加接分压电路后构成的,如图 2-37 所示。

静态时,由于栅极电流为零,R_{g3} 上没有电压降,所以栅极电位由 R_{g2} 与 R_{g1} 对电源 V_{DD} 分压得到,即 $V_G=\dfrac{R_{g2}V_{DD}}{R_{g1}+R_{g2}}$。

源极电位 $V_S=I_DR$,因此栅源直流偏置电压为

$$U_{GS}=V_G-V_S=\frac{R_{g2}V_{DD}}{R_{g1}+R_{g2}}-I_DR \qquad (2-67)$$

这种偏置方式同样适用于结型场效应管或耗尽型 MOS 管组成的放大电路。

对于场效应管的静态分析除了上述估算法外,还有图解法,但是图解法较为烦琐,故一般不采用,这里就不再介绍。

2.6.2 场效应管的动态分析

1. 场效应管的交流小信号模型

与双极型三极管一样,场效应管也是一种非线性器件,在交流小信号情况下,也可以由它的线性等效电路——交流小信号模型来代替。

与三极管放大器一样,场效应管放大电路的动态分析也采用微变等效电路,如图 2-38 所示。

图 2-38　场效应管微变等效电路

2. 场效应管放大电路的等效电路分析

对于场效应管的动态分析,主要分析放大电路的电压放大倍数 A_u、输入电阻 R_i 和输出电阻 R_o。

（1）共源极放大电路的动态分析

在图 2-39(a)中,因为源极 S 是输入回路和输出回路的公共端,所以,该电路称为共源极放大电路,图 2-39(b)为该电路的微变等效电路。

仿真:场效应管组成放大电路

(a)

(b)

图 2-39　共源极放大电路

(a) 电路图；(b) 微变等效电路

① 电压放大倍数 A_u

$$u_o = -i_d R'_L = -g_m u_{gs} R'_L$$

$$u_i = u_{gs}$$

$$(2\text{-}68)$$

$$A_u = \frac{u_o}{u_i} = -g_m R'_L$$

式中, $R_{\mathrm{L}}' = R_{\mathrm{D}} // R_{\mathrm{L}}$。

式(2-68)表明,共源极放大电路的放大倍数与 g_{m} 成正比,由于 g_{m} 不大,因此单级放大倍数要比共射放大电路小。

② 输入电阻

$$R_{\mathrm{i}} = R_{\mathrm{G}} + R_{\mathrm{G1}} // R_{\mathrm{G2}} \approx R_{\mathrm{G}} \tag{2-69}$$

由式(2-69)可见,输入电阻取决于偏置电阻 R_{G} 的大小,一般较大。

③ 输出电阻

$$R_{\mathrm{o}} = R_{\mathrm{D}} \tag{2-70}$$

由式(2-70)可知输出电阻由漏极电阻决定。

（2）源极跟随器的动态分析

如图 2-40(a)所示,从源极 S 取出信号,所以称为源极输出器,在交流通路中,漏极是输入回路和输出回路的公共端,因此也称为共漏极放大器。源极输出器的微变等效电路如图 2-40(b)所示。

图 2-40　源极输出器

(a) 电路图；(b) 微变等效电路

① 输入电阻

$$R_{\mathrm{i}} = R_{\mathrm{G}} + R_{\mathrm{G1}} // R_{\mathrm{G2}} \approx R_{\mathrm{G}} \tag{2-71}$$

② 输出电阻

与射极输出器一样,源极输出器的输出电阻也必须用求含受控源电路的等效电阻的方法计算,如图 2-41 所示。

$$R_{\mathrm{o}} = \frac{u}{i}$$

$$u = -u_{\mathrm{gs}}$$

$$i = \frac{u}{R_{\mathrm{S}}} - g_{\mathrm{m}} u_{\mathrm{gs}} = u\left(\frac{1}{R_{\mathrm{S}}} + g_{\mathrm{m}}\right)$$

所以

$$R_{\mathrm{o}} = \frac{u}{i} = R_{\mathrm{S}} // \frac{1}{g_{\mathrm{m}}}$$

如果 $R_{\mathrm{S}} \gg g_{\mathrm{m}}$

图 2-41　源极输出器输出电阻计算

$$R_{\text{o}} \approx \frac{1}{g_{\text{m}}} \tag{2-72}$$

输出电阻较小。

③ 电压放大倍数 A_{u}(见图 2-42)

$$u_{\text{o}} = R_{\text{L}}' g_{\text{m}} u_{\text{gs}}$$

$$\begin{aligned}
u_{\text{i}} &= u_{\text{gs}} + u_{\text{o}} \\
&= u_{\text{gs}} + R_{\text{L}}' g_{\text{m}} u_{\text{gs}} \\
&= u_{\text{gs}}(1 + g_{\text{m}} R_{\text{L}}')
\end{aligned}$$

$$A_{\text{u}} = \frac{u_{\text{o}}}{u_{\text{i}}} = \frac{g_{\text{m}} R_{\text{L}}'}{1 + g_{\text{m}} R_{\text{L}}'} \leqslant 1 \tag{2-73}$$

可见,源极输出器的输出电压与输入电压同相,且放大倍数小于等于1。

图 2-42　源极输出器电压放大倍数计算

本 章 小 结

1. 实现放大的条件

(1) 晶体管必须工作在放大区。发射结正偏,集电结反偏。

(2) 正确设置静态工作点,使晶体管工作于放大区。

(3) 输入回路将变化的电压转化成变化的基极电流。

(4) 输出回路将变化的集电极电流转化成变化的电压,经电容耦合只输出交流信号。

2. 直流通路和交流通路

（1）因为电容对交、直流的作用不同，所以在放大电路中如果电容的容量足够大，可以认为它对交流分量不起作用，即对交流短路，而对直流可以看成开路。因此交流与直流所走的通路是不同的。

直流通路：无信号时电流（直流电流）的通路，用来计算静态工作点。

交流通路：有信号时交流分量（变化量）的通路，用来计算电压放大倍数、输入电阻、输出电阻等动态参数。

（2）基本放大电路的组成。三极管加上合适的偏置电路（偏置电路保证三极管工作在放大区）。

（3）交流与直流。正常工作时，放大电路处于交流与直流共存的状态。为了分析方便，常将两者分开讨论。

直流通路：交流电压源短路，电容开路。

交流通路：直流电压源短路，电容短路。

3. 两种分析方法

（1）估算法（直流模型等效电路法）——估算 Q。

（2）图解法——分析 Q（Q 的位置是否合适）；分析动态（最大不失真输出电压）。

4. 三种组态

（1）共射——A_u 较大，R_i 小，R_o 大，常用作电压放大。

（2）共集——$A_u \approx 1$，R_i 大，R_o 小，适用于信号跟随、信号隔离等。

（3）共基——A_u 较大，R_i 小，R_o 大，频带宽，适用于放大高频信号。

5. 多级放大器

三种耦合方式：阻容耦合、变压器耦合和直接耦合。

电压放大倍数：$A_u = A_{u1} \times A_{u2} \times \cdots \times A_{un}$。

6. 频率响应——两个截止频率

下限截止频率 f_L——频率下降，使 A_u 下降为 $0.707A_{um}$ 所对应的频率，由电路中的耦合电容和旁路电容所决定。

上限截止频率 f_H——频率上升，使 A_u 下降为 $0.707A_{um}$ 所对应的频率，由电路中三极管的极间电容所决定。

本章能力模块

通过本章学习，应掌握共射、共集、共基三种基本放大电路的结构、动态、静态性能指标。了解直接耦合多级放大电路的特点，差动放大电路的作用，场效应管放大电路的动态分析。

掌握单级放大电路、多级放大电路的静态、动态性能指标的测试方法。学会使用信号发生器、双踪示波器、毫伏表的正确使用。

本章建议做的实验如下。

（1）共射极放大电路的性能测试。用万用表测试放大电路的静态值，用毫伏表测试输入信号、输出信号电压，用示波器观察输入、输出信号波形对应关系。用示波器观察放大电路饱和失真、截止失真的波形。

（2）两级阻容耦合放大电路的性能测试。用万用表测试放大电路的静态值，用毫伏表测试输入信号、输出信号电压，用示波器观察输入、输出信号波形对应关系。测试放大电路的上限截止频率、下限截止频率及通频带。

（3）用软件仿真放大电路的特性。用软件仿真放大电路的静态、动态性能指标，根据教材内容搭接相应电路，并测试对应参数。

习　　题

2.1　试判断图 2-43 中所示各电路是否具有放大作用？ 为什么？

图 2-43　习题 2.1 图

2.2　已知三极管的 $U_{BE}=0.7V$，$\beta=100$，求如图 2-44 所示电路中的 I_B、I_C、I_E、U_{CE}。

2.3　放大电路和三极管的输出特性曲线如图 2-45 所示，已知 $V_{CC}=15V$，$R_C=4k\Omega$，$R_B=300k\Omega$，$\beta=40$，要求：

（1）试估算静态工作点 I_{BQ}、I_{CQ}、U_{CEQ}。

（2）试用图解法在输出特性曲线上确定静态工作点。

2.4　在图 2-45(a) 中，若已知 $V_{CC}=12V$，$R_B=300k\Omega$，$R_C=5k\Omega$，$\beta=40$，要求：

图 2-44　习题 2.2 图

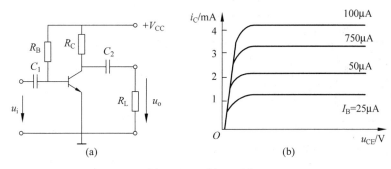

图 2-45　习题 2.3 图

（1）画出放大电路的微变等效电路。

（2）计算放大电路空载时的电压放大倍数。

（3）计算接负载电阻 $R_L = 2\text{k}\Omega$ 后的电压放大倍数。

2.5　图 2-46 所示是分压偏置共射极放大电路。已知 $V_{CC} = 12\text{V}$，$R_{B1} = 20\text{k}\Omega$，$R_{B2} = 10\text{k}\Omega$，$R_C = R_E = 2\text{k}\Omega$，$\beta = 50$，求静态工作点。

图 2-46　习题 2.5 图

2.6　如图 2-46 所示，已知 $V_{CC} = 10\text{V}$，$R_{B1} = 22\text{k}\Omega$，$R_{B2} = 4.7\text{k}\Omega$，$R_E = 1\text{k}\Omega$，$R_C = 2.5\text{k}\Omega$，$\beta = 50$，$r_{be} = 1.3\text{k}\Omega$，求：

（1）静态工作点。

（2）空载时电压放大倍数。

（3）带 4kΩ 负载时电压放大倍数。

2.7　两级直接耦合电路如图 2-47 所示，若 $\beta_1 = \beta_2 = 40$，要求：

（1）画出电路的微变等效电路图。

（2）计算输入电阻 R_i 和输出电阻 R_o。

（3）计算电压放大倍数 A_u。

2.8　共集极放大电路如图 2-48 所示,已知 $V_{CC}=15V$,$R_B=150k\Omega$,$R_E=2k\Omega$,$R_L=1.6k\Omega$,$\beta=80$,信号源内阻 $R_s=500\Omega$。要求:

（1）计算放大电路的静态工作点。

（2）计算电压放大倍数 A_u、输入电阻 R_i、输出电阻 R_o。

图 2-47　习题 2.7 图

图 2-48　习题 2.8 图

2.9　如图 2-49 所示电路参数理想对称,$\beta_1=\beta_2=150$,$U_{BE1}=U_{BE2}=0.7V$。要求:

（1）计算静态时两个晶体管的 I_{CQ} 和 U_{CEQ}。

（2）计算差模电压放大倍数和共模电压放大倍数。

（3）当 $u_{ID}=10mV$ 时求输出电压 u_o 的值。

2.10　在图 2-50 中,已知 $V_{DD}=24V$,$R_D=10k\Omega$,$R_s=10k\Omega$,$R_{G1}=200k\Omega$,$R_{G2}=64k\Omega$,$g_m=2ms$,试求放大倍数、输入电阻、输出电阻。

图 2-49　习题 2.9 图

图 2-50　习题 2.10 图

第 3 章

放大电路中的负反馈

反馈在电子电路中得到极为广泛的应用。正反馈应用于各种振荡电路,可产生各种波形的信号(将在第 6 章中介绍);负反馈可用来改善放大电路的性能。前面章节介绍的放大电路虽然能够起到放大信号的作用,但其静态及动态的性能指标会受到环境、温度、电源电压及负载变化等因素的影响,往往不能满足实际应用的要求,因此在放大电路中引入负反馈以改善电路性能十分必要。本章以分立元件构成的放大电路为例介绍反馈的含义、反馈的分类、负反馈的四种类型及深度负反馈的含义。负反馈在集成电路的应用将在集成运算放大器所构成的线性电路应用中介绍。

3.1 反馈

3.1.1 反馈的基本概念

1. 反馈的概念

将放大电路输出回路的信号(电压或电流)的一部分或全部通过某一电路或元件送回输入回路的过程,称为反馈,具有反馈的放大器称为反馈放大器。连接输出与输入,实现将输出信号反送到输入回路的这一电路称为反馈支路。从输出端反送到输入端的信号称为反馈信号。如图 3-1 所示,R_f 为连接输入与输出的元件,并将输出信号反送到输入回路。

图 3-1 反馈电路

含有反馈网络的放大电路称为反馈放大电路。图 3-2 为反馈放大电路框图,由基本放大器和反馈网络两部分组成。

图 3-2   反馈放大电路框图

图 3-2 中 A 表示没有反馈的放大电路(基本放大电路,也称开环放大电路)。F 表示反馈网络,反馈网络一般由电阻或电阻电容元件组成。放大电路引入反馈后构成闭环放大器。符号 $\otimes$ 代表比较环节。X_i、X_f、X_{id} 和 X_o 分别表示电路的输入量、反馈量、净输入量和输出量,它们可以是电压,也可以是电流。X 若为正弦量,还可以用相量表示。

2. 反馈的极性

反馈的极性分为正反馈和负反馈。如图 3-2 所示,在反馈放大电路中,如果反馈量使净输入量得到增强,称为正反馈;若反馈量使净输入量减弱,则称为负反馈。

正反馈与负反馈的区别在于反馈信号是起增强还是起削弱净输入信号的作用。一般正反馈起增强输入信号的作用,主要用于振荡电路;而负反馈则起削弱原输入信号的作用,主要用于放大电路。

通常采用瞬时极性法判断反馈的极性。具体方法是:先假定输入信号在某一瞬时对地极性为正,并用"+"标示,然后顺着信号的传输方向,逐级推出电路各点的瞬时极性,得出输出信号和反馈信号的瞬时极性,并用"+"或"−"标示,最后判断反馈信号是增强还是减弱输入信号,如果是增强则为正反馈,反之则为负反馈。

现以图 3-3 所示电路为例进行判断。首先假设放大电路的输入端输入信号的瞬时极性为正,如图中"+"号所示,由于共射放大电路输入与输出的倒相关系,所以输出端的输出信号也为正,使反馈信号由输出端流向输入端,在 R_{E1} 上产生反馈电压 u_f,显然,反馈电压 u_f 在输入回路与输入电压 u_i 共同作用使输入电压 $u_{id} = u_i - u_f$ 比无反馈时减小了,所以是负反馈。

图 3-3   用瞬时极性法判断反馈的极性

图 3-3 中两级放大电路间的反馈为级间反馈,可改善放大电路总的性能指标;每级放大电路的反馈为本级反馈,只调整本级的性能指标。一般在有级间反馈时,只讨论级间反馈。

3. 交流反馈和直流反馈

反馈还有交流和直流之分。若反馈信号是交流量,则称为交流反馈,它影响电路的交流性能(如电压放大倍数、输入电阻和输出电阻等);若反馈信号是直流量,则称为直流反馈,它影响电路的直流性能(如静态工作点);若反馈信号中既有交流量,又有直流量,则反馈对电路的交、直流性能都有影响。可根据反馈元件出现的电流通路进行判断。若出现在交流通路中,则该元件起交流反馈作用,若出现在直流通路中,则起直流反馈作用。

如图 3-4(a)所示,由于反馈支路中串有电容 C_4,只有交流信号通过,因此为交流反馈;如图 3-4(b)所示,由于在反馈信号 u_f 两端并联电容 C_4,交流信号被旁路,因此为直流反馈;图 3-3 在反馈支路中无电容,因此为交直流反馈。

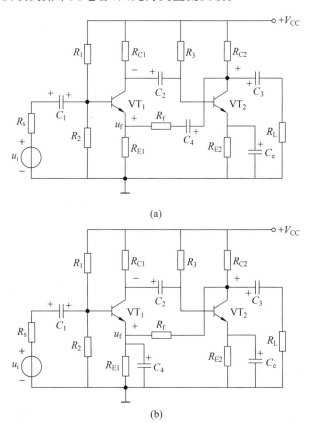

图 3-4 交流反馈和直流反馈

3.1.2 反馈电路的类型

反馈除了可分为正反馈、负反馈、交流及直流反馈外,根据反馈信号在输出端的取样和在输入端的连接方式,放大电路可以组成四种不同类型的负反馈:电压串联负反馈、电压并联负反馈、电流串联负反馈和电流并联负反馈。对于直流反馈与交流正反馈,一般不分类型。判断方法如下。

1. 电压反馈和电流反馈

电压反馈还是电流反馈是按照反馈信号在放大器输出端的取样方式来分类的。若反馈信号取自输出电压,即反馈信号与输出电压成比例,称为电压反馈;若反馈信号取自输出电流,即反馈信号与输出电流成比例,称为电流反馈。常采用负载电阻 R_L 短路法进行判断。若 R_L 短路使输出电压为零,此时若反馈量为零,则为电压反馈;否则为电流反馈。也可根据反馈支路与输出端的接法进行判断,若反馈支路与输出端接在同一节点,则为电压反馈,不接在同一节点则为电流反馈。

如图 3-5 所示,在反馈支路 R_{f2} 中,C_2 接在放大电路输出端,所以为电压反馈;在反馈支路 R_{f1} 中,接在三极管的发射极能取到输出电流,所以为电流反馈。

图 3-5　电压反馈和电流反馈

2. 串联反馈和并联反馈

串联反馈和并联反馈是按照反馈信号在放大器输入端的连接方式来分类的。若反馈信号在放大器输入端以电压形式出现,即与输入信号串联,则为串联反馈;若反馈信号在放大器输入端以电流形式出现,即与输入信号并联,则为并联反馈。它们与输出端取样的形式无关。

判断方法:在输入端可以根据反馈信号与输入信号引入的节点不同来判断是串联反馈还是并联反馈。如果反馈信号与输入信号是在输入端的同一个节点引入,反馈信号与输入信号必为电流相加减,所以为并联反馈;如果它们不在同一个节点引入,即为串联反馈。如图 3-5 所示,在反馈支路 R_{f2} 中,C_2 接在放大电路输入回路三极管 VT_1 的发射极,而输入信号接在 VT_1 的基极,两信号接在不同端,所以为串联反馈;反馈支路 R_{f1} 接在放大电路输入回路三极管 VT_1 的基极,与输入信号接在同一节点,所以为并联反馈。

这样,负反馈放大器就有四种基本组态:电压串联负反馈、电压并联负反馈、电流串联负反馈、电流并联负反馈。

【例 3-1】　电路如图 3-6 所示,判断反馈类型。

解　假定输入信号对地瞬时极性为正"+",经两级共射放大电路反相后,u_o 为正"+",反馈电压 u_f 也为正"+"。因净输入量 $u_{id}=u_{be}=u_i-u_f$ 减少,故电路为负反馈。

在输入端,输入信号与反馈信号分别加在三极管 b、e 两端,故为串联反馈。在输出端,若将负载电阻处短路,则输出信号通地,反馈信号随之消失,故为电压反馈。

综上所述,该电路为电压串联负反馈。

【例 3-2】　电路如图 3-1 所示,判断反馈类型。

解　假定输入信号对地瞬时极性为正"+",经共射放大电路倒相后输出信号 u_o 为负"-",反馈电流 i_f 为正"+",因净输入量 $i_{id}=i_i-i_f$ 减少,故电路为负反馈。

在输出端,由于反馈信号接在输出端,取自输出电压,故为电压反馈;在输入端,由于输入信号与反馈信号均加在三极管 b 端,故为并联反馈。因此该电路为电压并联负反馈。

动画:瞬时极性法判别反馈

图 3-6　例 3-1 图

图 3-7　例 3-3 图

【例 3-3】　如图 3-7 所示,判断反馈类型。

解　假定输入信号对地瞬时极性为正"+",电阻 R_E 上的电压也为正"+",净输入信号 u_{BE} 减小,因此电路为负反馈。

由于反馈信号取自发射极电阻 R_E 的电压,并没有接在输出端,或将输出端接的 R_L 短接,反馈信号依然存在,因此为电流反馈;在输入端由于输入信号与反馈信号分别接在 B、E 两端,为不同节点,故为串联反馈。综上所述,该电路为电流串联负反馈。

如图 3-5 所示电路中反馈支路 R_{f1} 对应的反馈电流并联负反馈,读者可按上述方法进行分析。

3.2　负反馈对放大器性能的影响

3.2.1　负反馈对电路的影响

1. 负反馈放大电路中的物理量与基本关系

图 3-8 所示为负反馈放大器框图,按图中各物理量极性和传输方向,可得放大器的开环增益、反馈系数和净输入量分别为

$$A = \frac{x_o}{x_{id}} \tag{3-1}$$

$$F = \frac{x_f}{x_o} \tag{3-2}$$

仿真:多级放大电路

图 3-8　负反馈放大器框图

$$x_{id} = x_i - x_f \qquad (3-3)$$

由此可得放大电路闭环电压放大倍数为

$$A_f = \frac{x_o}{x_i} = \frac{x_o}{x_{id} + x_f} = \frac{\dfrac{x_o}{x_{id}}}{1 + \dfrac{x_f}{x_o} \times \dfrac{x_o}{x_{id}}} = \frac{A}{1 + AF} \qquad (3-4)$$

式(3-4)表明放大电路引入负反馈后,闭环放大倍数 A_f 减小到开环放大倍数 A 的 $\dfrac{1}{1 + AF}$,式中 $1 + AF$ 称为反馈深度,其值越大,负反馈越深。工程中,通常把 $(1 + AF) \gg 1$ 时的反馈称为深度负反馈,此时

$$A_f = \frac{A}{1 + AF} \approx \frac{A}{AF} = \frac{1}{F} \qquad (3-5)$$

式(3-5)中的 AF 也常称为环路增益。

2. 负反馈对放大器性能的影响

放大器引入负反馈后,放大倍数有所下降,但其他性能却得到改善。

(1) 提高电路及其增益的稳定性

直流负反馈可以稳定直流量,起到稳定静态工作点的作用;交流负反馈可以改善交流指标。无反馈时,由于负载和环境温度的变化、电源电压的波动以及元器件老化等原因,放大电路的放大倍数也将随之变化。引入负反馈后,由式(3-5)可见,电路的闭环增益仅取决于反馈系数 F,也即电路参数,而与外界因素的变化无关,因此可以提高放大倍数的稳定性。可以证明,引入负反馈后,放大倍数下降了 $(1 + AF)$ 倍,但放大倍数的稳定性却提高了 $(1 + AF)$ 倍。

假设由于某种原因,放大器增益加大(输入信号不变),使输出信号也加大,从而使反馈信号加大。由于负反馈的原因,使净输入信号减少。从而抑制了输出信号的加大,实际上是使增益保持稳定。电压负反馈稳定输出电压,电流负反馈稳定输出电流。

(2) 减小非线性失真

由于三极管、场效应管等元件的非线性,会造成输出信号的非线性失真,引入负反馈后可以减小这种非线性失真,其原理如图 3-9 所示。

图 3-9　负反馈减小非线性失真

设输入信号为正弦波,无反馈时,放大电路的输出信号产生了正半周幅度比负半周幅度大的波形失真;引入负反馈后,反馈信号也为正半周幅度略大于负半周幅度的失真波形。由于 $u_{id}=u_i-u_f$,因此 u_{id} 波形变为正半周幅度略小于负半周幅度的波形。即通过负反馈使净输入信号产生预失真,这种预失真正好补偿放入电路的非线性失真,使输山波形得到改善。

必须指出,负反馈只能减小放大电路内部引起的非线性失真,对于信号本身固有的失真则无能为力。此外,负反馈只能减小而不能完全消除非线性失真。

(3) 改善了放大电路的频率响应

由于电路中电抗元件的存在,如耦合电容、旁路电容,以及三极管本身的结电容等,放大器的放大倍数会随频率发生变化。实验证明,放大电路在高频区和低频区的电压放大倍数比中频区低。当输入等幅不同频的信号时,高、低频段的输出信号比中频段的小。因此,反馈信号也小,所以高、低频段的放大倍数减小程度比中频段的小,类似于频率补偿作用。引入负反馈后,放大电路的幅频特性变得比较平坦,相当于扩展了通频带。

(4) 改变输入电阻和输出电阻

根据不同的反馈类型,负反馈对放大器的输入电阻、输出电阻有不同的影响。

负反馈对输入电阻的影响取决于反馈信号在输入端的连接形式。在串联负反馈电路中,反馈信号与输入信号串联,反馈信号电压抵消了输入信号电压,导致信号源提供的电流减少,从而引起输入电阻增大,且是无负反馈时的输入电阻的 $(1+AF)$ 倍。

而在并联负反馈电路中,反馈信号电流对输入信号电流进行分流,导致信号源提供的电流增大,从而使输入电阻减小,且是无反馈时的输入电阻的 $\left(\dfrac{1}{1+AF}\right)$ 倍。

负反馈对输出电阻的影响取决于反馈信号在输出端的取样方式。因电压负反馈可稳定输出电压,提高了输出端带负载的能力,即电压负反馈使输出电阻降低,且是无负反馈时的输出电阻的 $\left(\dfrac{1}{1+AF}\right)$ 倍。

因电流负反馈可稳定输出电流,具有恒流特性,电流负反馈使输出电阻变大,且是无反馈时的输出电阻的 $(1+AF)$ 倍。

综上所述,可归纳出各种反馈类型、定义、判别方法和对放大电路的影响,如表 3-1 所示。

表 3-1　放大电路中的反馈类型、定义、判别方法和对放大电路的影响

序号	反馈类型	定　义	判　别　方　法	对放大电路的影响
1	正反馈	反馈信号使净输入信号加强	反馈信号与输入信号作用于同一个节点时,瞬时极性相同;作用于不同节点时,瞬时极性相反	使放大倍数增大,电路工作不稳定
	负反馈	反馈信号使净输入信号减弱	反馈信号与输入信号作用于同一个节点时,瞬时极性相反;作用于不同节点时,瞬时极性相同	使放大倍数减小,且改善放大电路的性能

续表

序号	反馈类型	定　义	判　别　方　法	对放大电路的影响
2	直流负反馈	反馈信号为直流信号	反馈信号两端并联电容	能稳定静态工作点
	交流负反馈	反馈信号为交流信号	反馈支路串联电容	能改善放大电路的性能
3	电压负反馈	反馈信号从输出电压取样,即与输出电压成正比	反馈信号通过元件连线从输出电压端取出,或使负载短路,反馈信号消失	能稳定输出电压,减小输出电阻
	电流负反馈	反馈信号从输出电流取样,即与输出电流成正比	反馈信号与输出电压无关,或使负载短路,反馈信号依然存在	能稳定输出电流,增大输出电阻
4	串联负反馈	反馈信号与输入信号在输入端以串联形式出现	输入信号与反馈信号在不同节点引入	增大输入电阻
	并联负反馈	反馈信号与输入信号在输入端以串联形式出现	输入信号与反馈信号在同节点引入	减小输入电阻

3.2.2　深度负反馈的分析

1. 深度负反馈的特点

当电路满足深度负反馈的条件,即 $1+AF \gg 1$(一般取 10 以上)时,负反馈放大电路的一般表达式为

$$A_f = \frac{x_o}{x_i} = \frac{x_o}{x_{id}+x_f} = \frac{Ax_{id}}{x_{id}+AFx_{id}} = \frac{A}{1+AF} = \frac{1}{F}$$

则

$$\frac{x_o}{x_i} = \frac{x_o}{x_f} \tag{3-6}$$

即

$$x_i = x_f \tag{3-7}$$

式(3-7)表明,在深度负反馈条件下,反馈信号 x_f 与外加输入信号 x_i 近似相等,则净输入信号 $x_{id}=0$。对于串联负反馈,$u_i=u_f$,$u_{id}=0$;并联负反馈,$i_i=i_f$,$i_{id}=0$。

在深度负反馈情况下,由负反馈对输入输出电阻的影响可知,串联负反馈的输入电阻 $R_{if} \to \infty$,并联负反馈的输入电阻 $R_{if} \to 0$,电压负反馈的输出电阻 $R_{of} \to 0$,电流负反馈的输出电阻 $R_{of} \to \infty$。

2. 深度负反馈放大电路的估算

(1) 电压串联负反馈

如图 3-10 所示是电压串联负反馈电路,在深度负反馈条件下,根据电路分压有

$$u_f = \frac{R_{E1}}{R_{E1}+R_f} u_o$$

根据 $u_i = u_f$，得电路电压放大倍数

$$A_{uf} = \frac{u_o}{u_i} = \frac{u_o}{u_f} = \frac{R_f + R_{E1}}{R_{E1}} = 1 + \frac{R_f}{R_{E1}} \tag{3-8}$$

式(3-8)表明，在深度负反馈条件下，电压串联负反馈电路的电压放大倍数只取决于反馈电路的电阻值，与放大电路元件及参数无关，电路性能指标非常稳定。

图 3-10　电压串联负反馈电路

（2）电压并联负反馈

如图 3-11 所示，R_f 跨接在放大管的基极与集电极之间，从而交直流电压并联负反馈。该反馈使输入电阻减小，使输出电阻也减小。

图 3-11　电压并联负反馈电路

由于一般 $u_o \gg u_{be}$，因此有

$$i_f = -\frac{u_o}{R_f}$$

又由于并联负反馈使输入电阻 R_i 很小，故有 $R_s \gg R_i$，则有

$$i_i = \frac{u_s}{R_s + R_i} \approx \frac{u_s}{R_s}$$

由于是深度负反馈，故有 $i_f = i_i$，则有

$$A_{uf} = \frac{u_o}{u_s} = -\frac{R_f}{R_s} \qquad\qquad (3\text{-}9)$$

本 章 小 结

反馈是通过反馈支路将输出信号的全部或部分输送到输入回路,与外加输入信号相作用决定加在放大器上的净输入信号,从而控制输出。反馈的目的是改善放大电路的某些性能。使净输入信号加强,为正反馈;反之则为负反馈。它们可用瞬时极性法来判别。在放大电路中广泛采用的是负反馈电路。

反馈可分为正反馈和负反馈。正反馈可使放大倍数增大,但不能改善放大电路其他性能,还可能引起不稳定,故放大电路一般不引入正反馈。负反馈可使放大倍数减小,从而改善放大电路性能,如稳定放大倍数,展宽通频带,减小非线性失真,改变输入、输出电阻等。放大电路一般引入负反馈。正负反馈的判别方法是采用瞬时极性法。

直流反馈和交流反馈。直流反馈可稳定静态工作点,交流负反馈可改善放大电路的交流指标。交、直流反馈判别可根据反馈支路中有无电容及电容的位置决定。

串联反馈和并联反馈。串联反馈的反馈信号与输入信号在输入回路以电压形式相比较,以调整净输入电压。并联反馈的反馈信号与输入信号在输入回路以电流形式相比较,以调整净输入电流。串、并联反馈的判别方法可根据电路连接情况而定。反馈信号加到信号输入端的是并联反馈,加到非信号输入端的是串联反馈。串联负反馈可提高放大电路的输入电阻,要求信号源内阻越小越好。并联负反馈可降低放大电路输入电阻,要求信号源内阻越大越好。

电压反馈和电流反馈。反馈信号取自输出电压,与输出电压成正比的是电压反馈。反馈信号取自输出电流,与输出电流成正比的是电流反馈。判别方法:将负载短接,反馈信号依然存在的是电流反馈,反之是电压反馈。电压负反馈可稳定输出电压,降低放大电路输出电阻。电流负反馈可稳定输出电流,提高放大电路的输出电阻。

负反馈在放大电路中经常采用,虽然它会降低放大电路的放大能力,但它可以改善放大电路的其他性能。负反馈不同的组态的判断及其特点应重点掌握。

本章能力模块

通过本章的学习及典型习题练习,学生应理解反馈的含义,掌握正负反馈的判别、负反馈的类型判别方法及负反馈对放大电路的影响,能判别单级及多级负反馈放大电路。

掌握负反馈放大电路的实践操作能力。能按要求测试负反馈放大电路的静态工作点及应用毫伏表、示波器等电子仪器测试、观察动态指标,如放大倍数、输入电阻、输出电阻及频带宽度,并与开环放大电路的相应指标比较,进一步理解负反馈对放大电路的影响。

操作上可以按图正确接线;能分析排除一般性故障;能正确读取实验数据;能对实验数据进行分析处理并得出正确结论等。

本章建议做的实验如下。

(1) 两级阻容负反馈放大电路实验。观察电路板的构成,反馈支路的位置及连接。

先测试无反馈时电路的动态指标；再连接相应负反馈,在相同输入信号的作用下,测试相应动态指标,并对测试的数据和观察的波形进行分析。

(2) 应用软件仿真对负反馈放大电路的性能进行仿真测试。按仿真电路图,搭接好电路,设置相应输入信号,将无反馈及有反馈时虚拟仪表显示的数据和波形进行比较并得出结论。

习　题

3.1　填空题。

(1) 能使输入电阻增大的是_____反馈。

(2) 能使输出电阻降低的是_____反馈。

(3) 能使输出电流稳定,输入电阻增大的是_____反馈。

(4) 能稳定静态工作点的是_____反馈。

(5) 能稳定放大电路增益的是_____反馈。

(6) 能提高放大电路增益的是_____反馈。

3.2　选择题。

(1) 反馈放大器电路的含义是(　　)。

　　A. 输出与输入之间有信号通路

　　B. 电路中存在反向传输的信号通路

　　C. 除放大电路以外,还有反馈信号通路

(2) 构成反馈通路的元器件(　　)。

　　A. 只能是电阻、电容或电感等无源元件

　　B. 只能是晶体管、集成电路等有源元件

　　C. 可以是无源元件,也可以是有源元件

(3) 直流负反馈是指(　　)。

　　A. 只能存在于直接耦合的电路中

　　B. 直流通路中的负反馈

　　C. 放大直流信号时才有的负反馈

(4) 交流负反馈是指(　　)。

　　A. 只存在于阻容耦合或直接耦合电路中的负反馈

　　B. 交流通路中的负反馈

　　C. 放大交流信号时才有的负反馈

(5) 某一仪表放大电路中,要求输入电阻大且输出电流稳定,应选用(　　)负反馈;若放大电路放大信号时传感器产生的电压信号(几乎不能提供电流),希望放大后的输出电压与信号电压成正比,应选(　　)负反馈。

　　A. 电压串联　　　　　　　　　B. 电压并联

　　C. 电流串联　　　　　　　　　D. 电流并联

(6) 负反馈能减小非线性失真是指(　　)。

　　A. 使放大器的输出电压的波形与输入信号的波形基本一致

B. 不论输入波形是否失真,引入负反馈后,总能使输出为正弦波

(7) 在放大电路中,为了稳定静态工作点,可以引入(　　);若要稳定放大倍数,可以引入(　　);为了抑制温漂,可引入(　　)。

A. 直流负反馈   B. 交流负反馈

C. 交流正反馈   D. 直流负反馈和交流正反馈

(8) 如希望减小放大电路从信号源取得的电流,应采用(　　);如希望取得较强的反馈作用而信号源内阻很大,宜采用(　　);如希望负载变化使输出电流稳定,应引入(　　);如希望负载变化使输出电压稳定,应引入(　　)。

A. 电压负反馈   B. 电流负反馈

C. 串联负反馈   D. 并联负反馈

3.3 判断题。

(1) 在负反馈放大电路中放大器的放大倍数越大,闭环放大倍数就越稳定。（　　）

(2) 在负反馈放大电路中,在反馈系数较大的情况下,只有尽可能地增大开环放大信号,才能有效地提高闭环放大倍数。（　　）

(3) 在深度负反馈的条件下,闭环放大倍数 $A_f \approx 1/F$,它与反馈网络有关,而与放大器开环放大倍数 A 无关,故可以省去放大通路,仅留下反馈网络,来获得稳定的放大倍数。（　　）

(4) 在深度负反馈的条件下,由于闭环放大倍数 $A_f \approx 1/F$,与管子参数几乎无关,因此,可以任意选用晶体管组成放大级,管子的参数没有意义。（　　）

(5) 负反馈只能改善反馈环路内的放大性能,对反馈环路外无效。（　　）

(6) 若放大电路负载固定,为使其电压放大倍数稳定,可以引入电压负反馈,也可以引入电流负反馈。（　　）

(7) 电压负反馈可以稳定输出电压,所以流过负载的电流也必然稳定。因此电压负反馈和电流负反馈都可以稳定输出电路,在这一点上电压负反馈和电流负反馈没有区别。（　　）

(8) 负反馈能减小放大电路的噪声,因此无论噪声是输入信号中混合的还是反馈环路内部产生的,都能使输出端的信噪比得到提高。（　　）

(9) 由于负反馈可展宽频带,所以只要负反馈足够深,就可以用低频管组成放大电路来放大高频信号。（　　）

3.4 试判断图 3-12 所示电路反馈的极性和类型。

图 3-12 习题 3.4 图

3.5 如图 3-13 所示电路中,试判断引入反馈的极性,并判断是直流还是交流反馈。

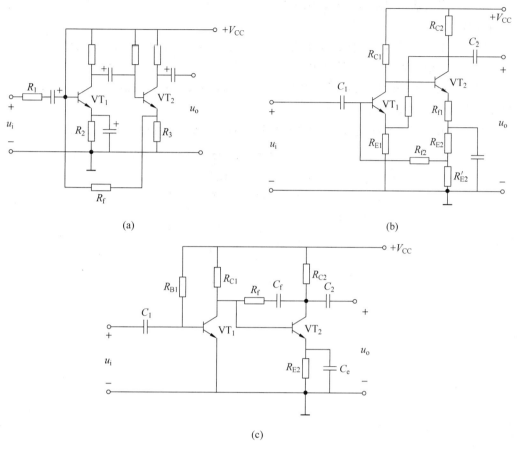

图 3-13 习题 3.5 图

3.6 如图 3-14 所示电路中,欲引入负反馈达到下列效果,试说明反馈电阻 R_f 应接在电路中的哪两点之间,相应反馈是什么类型。

(1) 为了减小放大电路的输出电阻,应将反馈电阻 R_f 自_____接到_____,相应为_____反馈电路。

(2) 欲稳定放大电路的静态工作点,应将反馈电阻 R_f 自_____接到_____,相

图 3-14 习题 3.6 图

应为_____反馈电路。

（3）欲提高输入电阻，应将反馈电阻 R_f 自_____接到_____，相应为_____反馈电路。

（4）欲希望负载 R_L 变化时输出电压 u_o 基本不变，应将反馈电阻 R_f 自_____接到_____，相应为_____反馈电路。

3.7 反馈放大电路，其电压反馈系数 $F=0.1$，如果要求放大倍数 A_f 在 20 以上，其开环电压放大倍数最小应为多少？

3.8 如图 3-15 所示，假设在深度负反馈条件下，估算闭环电压放大倍数。

图 3-15 习题 3.8 图

第 **4** 章

集成运算放大器及其应用

集成电路是 20 世纪 60 年代初发展起来的一种新型电子器件。它把整个电路中的各个元器件以及器件之间的连线,采用半导体集成工艺同时制作在一块半导体芯片上,再将芯片封装并引出相应管脚,做成具有特定功能的集成电子线路。与分立电路相比,集成电路实现了器件、连线和系统的一体化,外接线少,具有可靠性高、性能优良、重量轻、造价低廉、使用方便等优点。因此,集成电路得到迅速发展并获得了广泛的应用。

4.1 集成运算放大器简介

集成运算放大器(以下简称集成运放)是一种高电压放大倍数的直接耦合放大器。它工作在放大区时,输入和输出为线性关系,所以又被称为线性集成电路。随着集成运放技术的发展,目前集成运放的应用几乎渗入电子技术的各个领域,成为组成电子系统的基本功能单元。

4.1.1 集成电路的分类与封装

集成电路可分为模拟集成电路和数字集成电路两大类。模拟集成电路是对连续变化的模拟信号进行处理的集成电路,按现有的集成电路工艺水平,几乎包含了除逻辑集成电路以外的所有集成电路。模拟集成电路的种类繁多,按照功能分类,常用的有集成运算放大器、集成功率放大器、模拟乘法器、集成稳压器等,在众多的模拟集成电路中,集成运算放大器应用最为广泛。由于它是最早应用于信号的运算,所以取名运算放大器。

集成电路常有三种外形,即双列直插式、扁平式和圆壳式。

4.1.2 集成运算放大器及其基本组成

集成运放的类型和品种相当丰富,从 20 世纪 60 年代发展至今已经历了四代,但在结构上基本一致。集成运放的内部实际上是一个高放大倍数的直接耦合放大电路,电路的结构一般包括输入级、中间级、输出级和偏置电路四个部分,如图 4-1 所示。

输入级是提高集成运放质量的关键部分,其主要作用是提高放大电路的输入电阻,减小零漂,有效抑制干扰信号。输入级一般采用具有恒流源的差动放大电路。

中间级的主要作用是进行电压放大。它的电压放大倍数高,为输出级提供所需的较大的推动电压,同时还具有电平移动作用,将双端输出转换为单端输出的作用等。一般由

图 4-1 集成运放内部组成原理图

共射电路组成。

输出级主要向负载提供足够大的输出功率,具有较低的输出电阻,较强的带载能力。为防止过载危害,还设有过载保护措施。输出级一般由射极输出器或互补对称电路组成。

偏置电路的作用是为上述各级电路提供稳定且合适的偏置电流,一般由恒流电路组成。

此外还有一些辅助环节,如电平移动电路、过载保护电路以及高频补偿环节等。下面以第二代双极型通用集成运算放大器 $\mu A741(F007)$ 为例,对运放各功能引脚进行简单说明。

图 4-2 为通用型集成运算放大电路 $\mu A741(F007)$ 的电路原理图,图 4-3(b)为其接线图。电路对外共有 8 个引脚,"2"为反相输入端,"3"为同相输入端,"6"为输出端,"7"接正电源,"4"接负电源,"1"和"5"间接调零电位器,"8"为空脚。

图 4-2 $\mu A741$ 内部电路

集成运放的符号如图 4-3(a)所示,它有两个输入端,"−"号表示反相输入端,用"u_-"表示,它表明该输入端的信号与输出端信号 u_o 相位相反;"+"号表示同相输入端,用"u_+"表示,它表明该输入端的信号与输出端信号 u_o 相位相同。

集成运放的外形通常有三种,即双列直插式、扁平式、圆壳式,如图 4-4 所示。

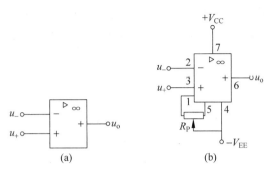

图 4-3　集成运放的符号及引脚

(a) 集成运放的符号；(b) μA741 接线图

图 4-4　集成运放的外形图

(a) 双列直插式(顶视)；(b) 扁平式塑料封装(顶视)；(c) 圆壳式封装(底视)

4.1.3　集成运算放大器的主要性能指标

集成运放的性能指标较多,运用时可查集成运放手册。现将一些主要性能指标说明如下。

(1) 差模电压增益 A_{ud} 是指在标称电源电压和额定负载下,运放在开环时对差模信号的电压放大倍数。A_{ud} 越大越好,一般运放的 A_{ud} 为 $60\sim100$dB。

(2) 共模抑制比 K_{CMR} 是指差模电压放大倍数与共模电压放大倍数绝对值之比,即 $K_{CMR}=20\lg|A_{ud}/A_{uc}|$(dB)。$K_{CMR}$ 越大表示集成运放对共模信号(零漂)的抑制能力越强。多数集成运放的 K_{CMR} 在 $80\sim110$dB 之间。

(3) 差模输入电阻 r_{id} 和输出电阻 r_{od}。差模输入电阻是指集成运放对差模信号所呈现的电阻,即运放两输入端之间的电阻。一般在几十千欧到几十兆欧范围内。输出电阻是指集成运放开环时,从输出端向里看的等效电阻。一般在几十到几百欧之间。

(4) 输入失调电压 U_{IO}。一个理想的集成运放应满足零输入时零输出。而实际的集成运放,当输入为零时一般总存在一定的输出电压,将其折算到输入端即为输入失调电压。它在数值上等于输出电压为零时,输入端应施加的直流补偿电压。它的大小反映了差分输入级的不对称程度,其值越小越好。通用型运放的 U_{IO} 约为毫伏级。

(5) 输入偏置电流 I_{IB} 是指运放在静态时,流过两个输入端的偏置电流的平均值,即

$I_{IB} = (I_{B1} + I_{B2})/2$。其值越小越好,通用型集成运放的 I_{IB} 约为几微安。

(6) 输入失调电流 I_{IO}。一个理想的集成运放其两输入端的静态电流应该完全相等。实际上,当集成运放的输出电压为零时,流入两输入端的电流并不相等。这个静态电流之差($I_{IO} = I_{B1} - I_{B2}$)就是输入失调电流。其值越小越好,一般为纳安级。

(7) 最大差模输入电压 U_{idmax} 是指能安全地加在运放两个输入端之间最大的差模电压。若超过此值,输入级的 PN 结或栅、源间绝缘层可能被反向击穿。

(8) 最大共模输入电压 U_{icmax} 是指输入端能够承受的最大共模电压,如超过这个范围,集成运放的共模抑制性能将急剧恶化,甚至导致运放不能正常工作。

(9) 最大输出电压 U_{om} 也称额定输出电压,是指电源电压一定时,集成运放的最大不失真输出电压,一般用峰值表示。

4.1.4 集成运放的理想模型

集成运算放大器是一种具有高电压放大倍数的直接耦合多级放大电路。当外部接入不同的线性或非线性元器件组成输入和负反馈电路时,可以灵活地实现各种特定的函数关系。

在大多数情况下,将运放视为理想运放,就是将运放的各项技术指标理想化,满足下列条件的运算放大器称为理想运放。

① 开环电压增益: $A_{ud} = \infty$。

② 输入阻抗: $r_i = \infty$。

③ 输出阻抗: $r_o = 0$。

④ 共模抑制比: $K_{CMR} = \infty$。

前面已经提到,集成运放实际上是一个直接耦合的多级放大电路,可以工作在线性放大区,也可以工作在非线性工作区。

1. 线性放大区

当集成运放工作在线性区时,其输出信号随输入信号发生线性变化,即 $u_{od} = A_{ud}(u_+ - u_-)$,二者的关系曲线(称为传输特性)如图 4-5 所示。

图 4-5   集成运放的传输特性

对于理想集成运放,由于 $A_{ud} \to \infty$,而 u_{od} 为有限值(不超过电源电压),可得 $u_{id} = u_+ - u_- = u_{od}/A_{ud} \approx 0$,即

$$u_+ \approx u_- \tag{4-1}$$

式(4-1)表明,集成运放同相端和反相端的电位近似相等,即两输入端为近似短路状态,称之为"虚短"。

又因为 $r_{id} \to \infty$,两输入端几乎不取用电流,即两输入端都接近于开路状态,称之为"虚断",记为

$$i_+ = i_- \approx 0 \tag{4-2}$$

这里需要指出的是,为了使集成运放可靠工作在线性区,需引入深度负反馈,有关内容将在 4.2 节介绍。

2. 非线性工作区

当集成运放的输入信号过大,或未采取相关措施时,由于 A_{ud} 很大,只要有微小的输

入信号,电路立即进入饱和状态。根据净输入状况会有两种输出状态,即正饱和电压和负饱和电压,可表示为

$$\begin{cases} u_+ > u_- \ 时, & u_o = +U_{om} \\ u_+ < u_- \ 时, & u_o = -U_{om} \end{cases} \quad (4\text{-}3)$$

其传输特性如图 4-5 所示。

当集成运放工作在饱和状态时,两输入端的电流依然为零,即 $i_+ = i_- = 0$。

4.2 集成运算放大器的应用

4.2.1 基本运算电路

1. 反相比例运算电路(反相输入方式)

图 4-6 所示为反相比例运算电路。输入信号 u_i 通过电阻 R_1 加到集成运放的反相输入端,反馈电阻 R_f 接在输出端和反相输入端之间,构成电压并联负反馈。$R_2 = R_1 /\!/ R_f$ 为直流平衡电阻,其作用是保证当 u_i 为零时,u_o 也为零,从而消除输入偏置电流以及温漂对放大电路的影响。

因 $i_+ = i_- = 0$,$u_+ = u_-$,可得 A 点的电位为 $u_A = u_+ = 0$,并称 A 点为"虚地",它是反相比例运算电路的重要特征。

图 4-6 反相比例运算电路

根据"虚断"的概念,可得

$$i_1 = i_f$$

又因为

$$i_1 = \frac{u_i}{R_1}, \quad i_f = \frac{u_- - u_o}{R_f} = -\frac{u_o}{R_f}$$

所以

$$\frac{u_i}{R_1} = -\frac{u_o}{R_f}$$

即

$$u_o = -\frac{R_f}{R_1} u_i \quad (4\text{-}4)$$

$$A_{uf} = -\frac{R_f}{R_1} \quad (4\text{-}5)$$

式(4-5)表明,输出电压与输入电压成比例关系,式中负号表示二者相位相反。同时,u_o 与 u_i 的关系仅取决于外部元件 R_1 和 R_f 的阻值,而与运放本身参数无关。这样,只要 R_1 和 R_f 的精度和稳定性达到要求,就可以保证比例运算的精度和稳定性。

当 $R_1 = R_f = R$ 时,$u_o = -\dfrac{R_f}{R_1} u_i = -u_i$,即输出电压与输入电压大小相等、相位相反,对应的电路则称为反相器或变号器。

反相比例运算放大器的输入、输出电阻分别为 $r_{if} = \dfrac{u_i}{i_1} = R_1$、$r_{of} = 0$。

图 4-7　例 4-1 图

【例 4-1】　在图 4-7 所示电路中,已知 $R_1 = 100\text{k}\Omega$, $R_{f1} = 200\text{k}\Omega, R_{f2} = 50\text{k}\Omega, R_{f3} = 1\text{k}\Omega$,求

(1) 闭环电压放大倍数 A_{uf}、输入电阻 r_i 及平衡电阻 R_2。

(2) 如果改用图 4-6 的电路,要想保持闭环电压放大倍数和输入电阻不变,反馈电阻 R_f 应该多大?

解　(1) 闭环电压放大倍数为

$$A_{uf} = -\frac{1}{R_1}\left(R_{f1} + R_{f2} + \frac{R_{f1}R_{f2}}{R_{f3}}\right)$$

$$= -\frac{1}{100}\left(200 + 50 + \frac{200 \times 50}{1}\right)$$

$$= -102.5$$

输入电阻为

$$r_i = \frac{u_i}{i_1} = \frac{R_1 i_1}{i_1} = R_1 = 100(\text{k}\Omega)$$

平衡电阻为

$$R_2 = R_1 // (R_{f1} + R_{f2} // R_{f3}) = 100 // (200 + 50 // 1) = 66.8(\text{k}\Omega)$$

(2) 如果改用图 4-7 的电路,由 $A_{uf} = -102.5, R_1 = r_i = 100\text{k}\Omega$ 及闭环电压放大倍数的公式 $A_{uf} = -\dfrac{R_f}{R_1}$,可求得反馈电阻 R_f 为

$$R_f = -A_{uf}R_1 = -(-102.5) \times 100 = 10250(\text{k}\Omega) \approx 10(\text{M}\Omega)$$

2. 同相比例运算电路(同相输入方式)

图 4-8 所示为同相比例运算电路。输入信号 u_i 通过电阻 R_2 加到集成运放的同相输入端,反馈电阻 R_f 接在输出端和反相输入端之间,构成电压串联负反馈。R_2 为直流平衡电阻,满足 $R_2 = R_1 // R_f$ 的关系。该电路为电压串联负反馈。

由图 4-8 可见,同相输入时,A 点经 R_1 接地,因此不再具有"虚地"特征,其电位应根据 R_1、R_f 分压关系计算。

根据 $u_+ = u_-, i_+ = i_- = 0$,由图 4-8 可得

仿真:集成运放同相输入

$$i_1 = i_f, \quad u_+ = u_i, \quad u_i = u_- = u_A = u_o \frac{R_1}{R_1 + R_f}$$

即

$$u_o = \left(1 + \frac{R_f}{R_1}\right)u_i \tag{4-6}$$

$$A_{uf} = 1 + \frac{R_f}{R_1} \tag{4-7}$$

式(4-6)表明,输出电压与输入电压成比例关系,且相位相同。

如取 $R_f = 0$ 或 $R_1 = \infty$,由式(4-6)可得 $u_o = \left(1 + \dfrac{R_f}{R_1}\right)u_i = u_i$,这时电路称为电压跟随器,如图 4-9 所示。

图 4-8 同相比例运算电路

图 4-9 电压跟随器

由于同相比例运算电路引入了深度电压串联负反馈,所以输入、输出电阻分别为 $r_{if} \approx \infty$、$r_{of} \approx 0$。

【例 4-2】 如图 4-10 所示电路中,已知 $R_1 = 100\text{k}\Omega$,$R_f = 200\text{k}\Omega$,$u_i = 1\text{V}$,求输出电压 u_o,并说明输入级的作用。

图 4-10 例 4-2 图

解 输入级为电压跟随器,由于是电压串联负反馈,因此具有极高的输入电阻,起到减轻信号源负担的作用。且 $u_{o1} = u_i = 1\text{V}$,作为第二级的输入。

第二级为反相输入比例运算电路,因此输出电压为

$$u_o = -\frac{R_f}{R_1} u_{o1} = -\frac{200}{100} \times 1 = -2(\text{V})$$

4.2.2 集成运算放大器的线性应用

1. 比例运算电路

比例运算电路如 4.2.1 小节中所述。

2. 加法运算电路

图 4-11 所示为三个输入信号的加法运算电路,输入信号采用反相输入方式。直流平衡电阻 $R_4 = R_1 /\!/ R_2 /\!/ R_3 /\!/ R_f$。

根据"虚断"的概念,由图 4-11 可得

$$i_i = i_f$$

其中 $\qquad i_i = i_1 + i_2 + i_3$

再根据"虚地"的概念可得

图 4-11 加法运算电路

$$i_1 = \frac{u_{i1}}{R_1}, \quad i_2 = \frac{u_{i2}}{R_2}, \quad i_3 = \frac{u_{i3}}{R_3}$$

则

$$u_o = -R_f i_f = -R_f \left(\frac{u_{i1}}{R_1} + \frac{u_{i2}}{R_2} + \frac{u_{i3}}{R_3} \right) \tag{4-8}$$

电路实现了各信号的比例求和运算。

当 $R_1 = R_2 = R_3 = R_f = R$ 时，$u_o = -(u_{i1} + u_{i2} + u_{i3})$，电路实现了各输入信号的反相求和运算。

【**例 4-3**】 求图 4-12 所示电路中 u_o 与 u_{i1}、u_{i2} 的关系。

图 4-12　例 4-3 图

解　电路由第一级的反相器和第二级的加法运算电路级联而成。

$$u_{o1} = -u_{i2}$$

$$u_o = -\left(\frac{R_f}{R_1} u_{i1} + \frac{R_f}{R_2} u_{o1} \right) = \frac{R_f}{R_2} u_{i2} - \frac{R_f}{R_1} u_{i1}$$

3. 减法运算

图 4-13　减法电路

图 4-13 所示为减法运算电路，它是反相端和同相端都有信号输入的放大器，也称差分输入放大器。其中 u_{i1} 通过 R_1 加到反相端，而 u_{i2} 通过 R_2、R_3 分压后加到同相端。

由图可知

$$u_- = u_{i1} - i_1 R_1 = u_{i1} - \frac{u_{i1} - u_o}{R_1 + R_f} R_1$$

$$u_+ = \frac{R_3}{R_2 + R_3} u_{i2}$$

由"虚短"的概念得

$$u_{i1} - \frac{u_{i1} - u_o}{R_1 + R_f} R_1 = \frac{R_3}{R_2 + R_3} u_{i2}$$

整理可得

$$u_o = \frac{R_1 + R_f}{R_1} \times \frac{R_3}{R_2 + R_3} u_{i2} \times - \frac{R_f}{R_1} u_{i1} \tag{4-9}$$

当 $R_1 = R_2$，$R_3 = R_f$ 时

$$u_o = \frac{R_f}{R_1} (u_{i2} - u_{i1}) \tag{4-10}$$

即电路的输出电压与差分输入电压成比例。

式(4-10)中，若再设 $R_1 = R_f$，则

$$u_o = u_{i2} - u_{i1} \tag{4-11}$$

可见，适当选配电阻值，可使输出电压与输入电压的差值成正比，实现了减法运算。

【**例 4-4**】 求图 4-14 所示电路中 u_o 与 u_{i1}、u_{i2} 的关系。

解　电路由第一级的同相比例运算电路和第二级的减法运算电路级联而成。

图 4-14　例 4-4 图

$$u_{o1} = \left(1 + \frac{R_2}{R_1}\right) u_{i1}$$

$$u_o = -\frac{R_1}{R_2} u_{o1} + \left(1 + \frac{R_1}{R_2}\right) u_{i2} = -\frac{R_1}{R_2}\left(1 + \frac{R_2}{R_1}\right) u_{i1} + \left(1 + \frac{R_1}{R_2}\right) u_{i2}$$

$$= \left(1 + \frac{R_1}{R_2}\right)(u_{i2} - u_{i1})$$

4. 积分运算

图 4-15 所示为积分运算电路,它和反相比例运算电路的差别仅是用电容 C 代替了反馈电阻 R_f。图中直流平衡电阻 $R_2 = R_1$。

根据运放反相端的"虚地"概念和图示电压、电流的参考方向,可得

$$i_1 = \frac{u_i}{R_1} = i_f, \quad u_o = -u_c = -\frac{1}{C}\int i_f \mathrm{d}t = -\frac{1}{C}\int i_1 \mathrm{d}t = -\frac{1}{C}\int \frac{u_i}{R_1}\mathrm{d}t$$

即

$$u_o = -\frac{1}{R_1 C}\int u_i \mathrm{d}t \qquad (4\text{-}12)$$

可见,输出电压与输入电压的积分成比例关系,实现了积分运算。式中负号表示输出电压与输入电压反相,$R_1 C$ 为积分时间常数。

如 $u_i = U_i$ 为常数,则

$$u_o = -\frac{U_i}{R_1 C} t \qquad (4\text{-}13)$$

图 4-15　积分运算电路

5. 微分运算

微分与积分互为逆运算。将图 4-15 中 C 与 R_1 互换位置(R_1 变为 R_f),即成为微分运算电路,如图 4-16 所示。

由图 4-16 所示电压、电流的参考方向以及"虚地"概念可得

$$i_1 = C\frac{\mathrm{d}u_c}{\mathrm{d}t} = C\frac{\mathrm{d}u_i}{\mathrm{d}t} = i_f$$

$$u_o = -R_f i_f = -R_f C\frac{\mathrm{d}u_i}{\mathrm{d}t} \qquad (4\text{-}14)$$

图 4-16　微分运算电路

可见,输出电压与输入电压的微分成比例关系,实现了

仿真:积分运算

微分运算。R_fC 为电路的时间常数。

电子技术中,常通过积分和微分电路实现波形变换。积分电路可将方波变换为三角波,微分电路可将方波变换为尖脉冲。图 4-17(a)、(b)分别为积分电路、微分电路的输入、输出波形的一种类型,读者可自行分析其原理。

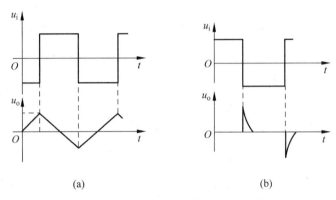

(a)   (b)

图 4-17   微分和积分电路实现波形转换

4.2.3   集成运算放大器的非线性应用

在自动控制电路中,常通过电压比较电路将一个模拟信号与基准信号相比较,并根据比较结果决定执行机构的动作。各种越限报警器就是利用这一原理工作的。

电压比较器是集成运放非线性应用电路,它将一个模拟量电压信号和一个参考电压相比较,在二者幅度相等的附近,输出电压将产生跃变,相应输出高电平或低电平。比较器可以组成非正弦波形变换电路及应用于模拟与数字信号转换等领域。

图 4-18 所示为一个最简单的电压比较器。U_R 为参考电压,加在运放的同相输入端,输入电压 u_i 加在反相输入端。

(a)   (b)

图 4-18   电压比较器

(a) 电路图;(b) 传输特性

当 $u_i < U_R$ 时,运放输出高电平,稳压管 VZ 反向稳压工作。输出端电位被其钳位在稳压管的稳定电压 U_Z,即 $u_o = U_Z$。

当 $u_i > U_R$ 时,运放输出低电平,VZ 正向导通,输出电压等于稳压管的正向压降 U_D,即 $u_o = -U_D$。

因此,以 U_R 为界,当输入电压 u_i 变化时,输出端反映出高电位和低电位两种状态。

表示输出电压与输入电压之间关系的特性曲线,称为传输特性。

常用的电压比较器有过零比较器、具有滞回特性的过零比较器、双限比较器(又称窗口比较器)等。

1. 过零比较器

如图 4-19 所示为加限幅电路的过零比较器,VZ 为限幅稳压管。信号从运放的反相输入端输入,参考电压为零,从同相端输入。当 $U_i > 0$ 时,$U_o = -(U_Z + U_D)$,当 $U_i < 0$ 时,$U_o = +(U_Z + U_D)$。其电压传输特性如图 4-19(b)所示。

图 4-19　过零比较器

(a) 过零比较器;(b) 电压传输特性

过零比较器结构简单,灵敏度高,但抗干扰能力较差。

电压比较器广泛应用在模-数接口、电平检测及波形变换等领域。如图 4-20 所示为用过零比较器把正弦波变换为矩形波的例子。

图 4-20　过零比较器应用

2. 滞回比较器

过零比较器在实际工作时,如果 u_i 恰好在过零值附近,则由于零点漂移的存在,u_o 将不断由一个极限值转换到另一个极限值,这在控制系统中,对执行机构非常不利。为此,就需要输出特性具有滞回现象。如图 4-21 所示,从输出端引一个电阻分压正反馈支路到同相输入端 $\left(U_\Sigma = \dfrac{R_2}{R_f + R_2} U_+\right)$。

若 u_o 改变状态,$\sum$ 点电位也随着改变电位,使过零点离开原来位置。当 u_o 为正(记作 U_+),则当 $u_i > U_\Sigma$ 后,u_o 即由正变负(记作 U_-),此时 U_Σ 变为 $-U_\Sigma$。故只有当 u_i 下降到 $-U_\Sigma$ 以下,才能使 u_o 再度回升到 U_+,于是出现如图 4-21(b)中所示的滞回特性。

$-U_\Sigma$ 与 U_Σ 的差别称为回差电压 ΔU。改变 R_2 的数值可以改变回差电压的大小,电压 ΔU 越大,比较器抗干扰的能力越强。

3. 窗口(双限)比较器

简单的比较器仅能鉴别输入电压 u_i 比参考电压 U_R 高或低的情况。窗口比较电路是由两个简单比较器组成,如图 4-22 所示,它能指示出 u_i 值是否处于 U_R^+ 和 U_R^- 之间。如 $U_R^- < U_i < U_R^+$,窗口比较器的输出电压 U_o 等于运放的正饱和输出电压($+U_{omax}$),如

果 $U_i<U_R^-$ 或 $U_i>U_R^+$,则输出电压 U_o 等于运放的负饱和输出电压($-U_{omax}$)。

(a)　　　　　　　　(b)

图 4-21　滞回比较器

(a) 电路图；(b) 传输特性

(a)　　　　　　　　(b)

图 4-22　由两个简单比较器组成的窗口比较器

(a) 电路图；(b) 传输特性

4.2.4　集成运算放大器在使用中需注意的问题

　　集成运放在使用前除了应正确选型、了解各引脚排列位置、外接电路外,在调试、使用时还应注意以下问题。

　　在使用中,由于电源极性接反、输入信号电压过高、输出端负载过大等原因,都会造成集成运放的损坏,所以运放在使用中必须加保护电路。图 4-23(a)所示为输入端保护电路。在输入端接入两个反向并联的二极管,可将输入电压限制在二极管导通电压之内。

(a)　　　　　　　　(b)　　　　　　　　(c)

图 4-23　集成运放的保护电路

图 4-23(b)所示为输出端保护电路。正常工作时,输出电压小于双向稳压管的稳压值,双向稳压管相当于开路,保护支路不起作用。当输出电压大于稳压管稳压值时,稳压管击穿导通,使运放负反馈加深,将输出电压限制在稳压管的稳压值范围内。图 4-23(c)所示为电源保护电路,它是利用二极管的单向导电性来防止电源极性接错造成运放损坏的。

本 章 小 结

1. 集成运算放大器

集成运算放大器是一种多级直接耦合的高电压放大倍数的集成放大电路,具有输入电阻高、输出电阻小等特点。同时还有可靠性高、性能优良、重量轻、造价低廉、使用方便等优点。内部主要由输入级、中间级、输出级以及偏置电路组成。

运放在使用前,要了解其主要技术参数。在运放的使用中要有防止过电压、过电流、短路和电源极性接反等意外情况的措施。

2. "虚断"和"虚短"概念

"虚短"和"虚断"是集成运算放大器的重要特性,主要用于分析含有理想运算放大器的电路。

"虚短"是指在理想情况下,两个输入端的电位相等,就好像两个输入端短接在一起,但事实上并没有短接,称为"虚短"。虚短的必要条件是运放引入深度负反馈。

"虚断"是指在理想情况下,流入集成运算放大器输入端电流为零。这是由于理想运算放大器的输入电阻无限大,就好像运放两个输入端之间开路。但事实上并没有开路,称为"虚断"。

3. 集成运算放大器线性应用电路

集成运算放大器实际上是高增益直耦多级放大电路,它实现线性应用的必要条件是引入深度负反馈。此时,运放本身工作在线性区,两输入端的电压与输出电压为线性关系,各种基本运算电路由集成运放加上不同的输入回路和反馈回路构成。

运算电路是集成运放最基本的应用电路,其中比例电路、加法电路和减法电路的输出和输入电压之间是线性关系,而微分电路、积分电路等运算电路的输出与输入电压之间是非线性关系,但运算放大器本身总是工作在线性区。

4. 集成运算放大器非线性应用电路

运算放大器在无负反馈或加正反馈时,运放工作在非线性区,输出只有两种状态,称为电压比较器。常用的电压比较器有过零比较器、具有滞回特性的过零比较器、双限比较器(又称窗口比较器)等。

本章能力模块

通过本章的学习,应掌握理想运放的特性、符号及引脚功能,掌握运算放大器几种常用的线性应用电路,能够熟练识别电路形式和特性。了解运放非线性应用的特点及应用。

本章建议做的实验如下。

(1) 运放构成反相及同相比例电路。正确掌握运放的引脚功能,接成反相比例电路、同相比例电路,要求测试比例电路的电压放大倍数,并用示波器观察输入输出波形数值及相位关系。

(2) 运放构成的波形变换。运放接成积分电路,输入为矩形信号,输出为三角波,用示波器双踪观察相应波形,并读出对应参数。

(3) 用软件仿真运放应用电路。可构成过零及非过零电压比较器,观察输入信号与输出信号之间的关系。

习　　题

4.1　判断题。

(1) 处于线性工作状态下的集成运放,反相输入端可按"虚地"来处理。　　　(　　)

(2) 反相比例运算电路属于电压串联负反馈,同相比例运算电路属于电压并联负反馈。　　　(　　)

(3) 处于线性工作状态的实际集成运放,在实现信号运算时,两个输入端对地的直流电阻必须相等,才能防止输入偏置电流带来的运算误差。　　　(　　)

(4) 在反相输入电路中,集成运放的反相输入为虚地,流过反馈电阻的电流基本等于各输入电流之和。　　　(　　)

(5) 同相输入电路跟同相比例电路一样,各输入信号的电流几乎等于零。　　　(　　)

4.2　在如图 4-24 所示电路中,设运放为理想运放,电源电压为 ±12V,试估算输出电压 u_o 的值。

图 4-24　习题 4.2 图

4.3　如图 4-25 所示电路,求输出电路 u_o 与输入电压 u_{i1}、u_{i2} 的关系式。

图 4-25　习题 4.3 图

4.4　如图 4-26 所示电路,求输出电路 u_o 与输入电压 u_{i1}、u_{i2}、u_{i3} 的关系式。

图 4-26　习题 4.4 图

4.5　如图 4-27 所示,求输出电路 u_o 与输入电压 u_{i1}、u_{i2} 的关系式。

4.6　如图 4-28 所示,求 u_o 与 u_i 的关系。

图 4-27　习题 4.5 图

图 4-28　习题 4.6 图

4.7　如图 4-29 所示,写出输出电压与输入电压的关系式。

4.8　如图 4-30 所示,试计算输出电压 u_o。

图 4-29　习题 4.7 图

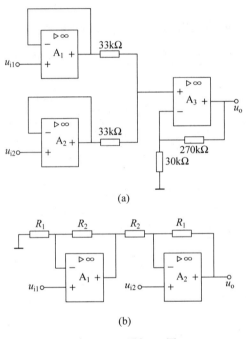

(a)

(b)

图 4-30　习题 4.8 图

第 5 章

低频功率放大电路

前面各章所讨论的放大电路均属于小信号的电压放大电路。功率放大电路通常位于放大电路的最后一级,其任务是将前级电路放大后的电压信号再进行功率放大,以输出足够的功率推动执行机构工作,如扬声器发声、继电器动作、伺服电动机、仪表指针偏转等。本章首先介绍功率放大电路的特点及分类,然后重点介绍互补对称功率放大电路的结构、工作原理、分析与计算方法,最后介绍集成功率放大器的典型应用。

5.1 功率放大电路的特点及分类

5.1.1 功率放大电路的特点

就放大信号而言,电压放大电路一般位于多级放大电路的前级,故又称为前置放大电路,研究的主要技术指标是电压放大倍数、输入电阻、输出电阻及频率特性等。功率放大电路位于多级放大电路的最后一级,其特点是大信号放大,电路工作电压高、电流大。因此对功率放大电路有以下特殊要求。

1. 输出功率足够大

在输出不发生明显失真的情况下,为获得足够大的输出功率,三极管的输出电压和电流的幅度也需要足够大,所以三极管通常工作在极限状态。因此在选择功率管时,必须考虑使它的工作状态不超过它的极限参数 I_{CM}、P_{CM}、$U_{(BR)CEO}$。

2. 效率要高

功率放大电路的输出功率是通过三极管将直流电源供给的能量转换为随输入信号变化的交流能量而得到的。功率放大电路的信号输出功率很大,相应的直流电源消耗的功率也很大。所谓效率是指放大电路的交流输出功率与电源提供的直流功率的比值。比值越大,效率越高。

3. 非线性失真要小

功率放大电路在大信号状态下工作,输出电压和电流的幅值都很大,容易产生非线性失真。因此,将非线性失真限制在允许的范围内,就成为功率放大电路的一个重要问题。在实际中要采取负反馈等措施减小失真,使之满足负载的要求。

5.1.2　功率放大电路的分类

　　根据功率三极管静态工作点的状况,功率放大电路可分为甲类、乙类和甲乙类三种,分别如图 5-1(a)～(c)所示。

动画:功率放大电路类型

图 5-1　功率放大电路的三种类型
(a) 甲类;(b) 乙类;(c) 甲乙类

　　甲类功率放大电路是功率管在一个周期内都处于正向偏置的导通状态,其优点是在输入信号的整个周期内全波放大,因此输出信号失真较小;缺点是静态电流 I_{CQ} 较大,没有输入信号时,电源提供的功率全部消耗在集电结和电阻上,所以电路的效率不高,理想情况下仅为 50%,如图 5-1(a)所示。

　　乙类功率放大电路功率管只在信号的半个周期处于导通状态,电路的工作点设置在截止区,此时 $I_{CQ}=0$,所以效率最高,可达 78.5%。但三极管只在半个周期内导通,因此非线性失真较大,如图 5-1(b)所示。

　　甲乙类功率放大电路的工作点设置在放大区,但接近截止区,I_{CQ} 稍大于零。静态时,三极管处于微导通状态,其效率比乙类稍低,但远高于甲类,但如图 5-1(c)所示。

5.2　互补对称功率放大电路

5.2.1　OCL乙类互补对称功率放大电路

1. OCL功率放大电路基本结构

　　图 5-2(a)所示为双电源乙类互补对称功率放大电路。它由 VT_1、VT_2 两个特性对称即导电类型相反且性能参数相同的功放管组成。VT_1、VT_2 是 NPN 和 PNP 型三极管,两管的基极和射极分别连在一起,信号从两管的基极输入,并从两管的射极输出,输入电压 u_i 加在两管的基极,输出电压 u_o 由两管的射极输出,R_L 为负载。电路中正、负电源对称,两管特性对称,这类电路称为 OCL(output capacitor less)电路,双电源供电形成两管推挽工作方式。

2. 工作原理

　　静态时,即 $u_i=0$,VT_1、VT_2 均因无偏流而截止,负载上无电流通过,输出电压 $u_o=0$。

　　动态时,当输入端所加正弦信号 u_i 为正半周时,两管的基极电位为正,故 VT_1 导通,VT_2 截止,VT_1 管的集电极电流由 $+V_{CC}$ 经 VT_1、R_L 到地,在 R_L 上形成正半周电压;在 u_i 负半周时,两管的基极电位为负,故 VT_2 导通,VT_1 截止,VT_2 管的集电极电流由地经 R_L、VT_2 到 $-V_{CC}$,在 R_L 上形成负半周电压。这样在整个周期两管轮流导通,负载上得到完整的正弦波,故名乙类互补对称功率放大电路。工作波形如图 5-2(b)所示。

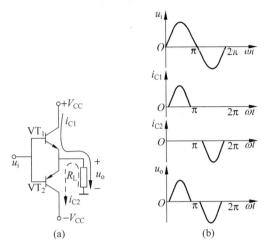

图 5-2 乙类互补对称放大电路及工作波形

3. 分析计算

在输入信号 u_i 为正弦波时

$$u_i = \sqrt{2}U\sin\omega t$$

(1) 输出功率

负载上获得输出功率的平均值为输出正弦电压和输出电流有效值的乘积,即

$$P_o = \frac{U_{om}}{\sqrt{2}} \times \frac{I_{om}}{\sqrt{2}} = \frac{1}{2}U_{om}I_{om} \tag{5-1}$$

式中,U_{om}、I_{om} 分别是负载上正弦输出电压和电路的幅值。因为 $I_{om} = \dfrac{U_{om}}{R_L}$,故式(5-1)也可写成

$$P_o = \frac{1}{2} \times \frac{U_{om}^2}{R_L} \tag{5-2}$$

由于 U_{om}、I_{om} 的大小均取决于正弦输入信号 u_i 的幅值,所以输出功率 P_o 也和 u_i 的幅值有关。

当 u_i 的幅值足够大,功率管处于极限应用时,如果忽略三极管的饱和压降 $U_{CE(sat)}$ 和穿透电流,负载可获得最大输出电压,其幅值为电源电压 V_{CC},故负载上最大输出功率为

$$P_{om} = \frac{1}{2} \times \frac{(V_{CC} - U_{CE(sat)})^2}{R_L} \approx \frac{1}{2} \times \frac{V_{CC}^2}{R_L} \tag{5-3}$$

(2) 直流电源提供的功率

由于一个周期内 VT_1 管和 VT_2 管轮流导通,每个管子只工作半周,每个管子流过的电流都是直流电源提供的半波电流,故每个直流电源提供的功率是半波正弦电流平均值与相应直流电源电压的乘积,而半波电流的平均值为

$$I_E = \frac{I_{om}}{2\pi} \int_0^\pi \sin \tilde{\omega} t \, d(\tilde{\omega} t) = \frac{U_{om}}{\pi R_L} \tag{5-4}$$

两个电源提供的功率为

$$P_E = 2I_E V_{CC} = \frac{2}{\pi} \times \frac{V_{CC}}{R_L} U_{om} \tag{5-5}$$

当输出达到最大不失真输出时,电源输出的最大功率为

$$P_{Em} = \frac{2}{\pi} \times \frac{V_{CC}^2}{R_L} \tag{5-6}$$

(3) 效率

输出功率和直流电源提供的功率之比为功率放大器的效率。理想条件下输出最大功率时的效率,即最大效率为

$$\eta_m = \frac{P_{om}}{P_{Em}} \times 100\% = \frac{\pi}{4} \times 100\% = 78.5\% \tag{5-7}$$

考虑到管压降等因素,实际的最大效率低于这个值。

(4) 管耗

两管的总管耗是直流电源提供的功率减去输出功率

$$P_V = P_E - P_o = \frac{2U_{om} V_{CC}}{\pi R_L} - \frac{U_{om}^2}{2R_L} \tag{5-8}$$

由式(5-8)可知,管耗大小随输出电压 U_{om} 而变化。最大管耗由数学上求极值关系而定,即令

$$\frac{dP_V}{dU_{om}} = 0$$

$$\frac{dP_V}{dU_{om}} = \frac{V_{CC}}{\pi R_L} - \frac{U_{om}}{2R_L} = 0$$

因此在 $U_{om} = \dfrac{2V_{CC}}{\pi}$ 时,管耗达到最大值,并由式(5-8)得

$$P_{Vm} = \frac{4}{\pi^2} \times \frac{V_{CC}^2}{2R_L} \approx 0.4 P_{om} \tag{5-9}$$

则每只管子消耗的最大功率为

$$P_{V1m} \approx 0.2 P_{om} \tag{5-10}$$

式(5-10)为每只管子最大管耗与最大不失真输出功率的关系,可用作设计乙类互补对称功率放大电路时选择三极管的依据之一。例如,要求输出功率为 5W,则应选用两个集电极最大功耗大于等于 1W 的管子。

从以上的分析可知,如要得到预期的最大输出功率,三极管有关参数的选择,应满足以下条件:

① 每只管子的最大管耗 $P_{V1m} \approx 0.2 P_{om}$;

② 由图 5-2 可知,当导通管饱和时,截止管所承受的反向电压为 $2V_{CC}$,因此三极管的反向击穿电压应满足 $|U_{(BR)CEO}| > 2V_{CC}$;

③ 三极管的最大集电极电流为 $\dfrac{V_{CC}}{R_L}$，因此三极管的 $I_{CM} > \dfrac{V_{CC}}{R_L}$。

【例 5-1】　一乙类对称功率放大电路（OCL）如图 5-2 所示，直流电源 $V_{CC} = 12V$，在输入信号 u_i 的 个周期内 VT_1、VT_2 轮流导通，导通角为 $180°$，负载电阻 $R_L = 8\Omega$，忽略管子的饱和压降。求电路的最大输出功率，最大输出功率时直流电源供给的总功率、效率和总管耗，并选择三极管。

解　由式（5-3）可求得最大输出功率为

$$P_{om} = \frac{1}{2} \times \frac{V_{CC}^2}{R_L} = \frac{1}{2} \times \frac{12^2}{8} = 9(W)$$

由式（5-6）可求得直流电源供给的总功率为

$$P_{Em} = \frac{2}{\pi} \times \frac{V_{CC}^2}{R_L} = \frac{2}{\pi} \times \frac{12^2}{8} = 11.5(W)$$

由式（5-7）可求得效率为

$$\eta_m = \frac{P_{om}}{P_{Em}} \times 100\% = \frac{9}{11.5} \times 100\% = 78.5\%$$

由式（5-9）可求得总功率为

$$P_{Vm} = \frac{4}{\pi^2} \times \frac{V_{CC}^2}{2R_L} \approx 0.4 P_{om} = 3.6(W)$$

三极管参数选择如下：

$$P_{CM} > 0.2 P_{om} = 1.8(W)$$

$$|U_{(BR)CEO}| > 2V_{CC} = 24(V)$$

$$I_{CM} > \frac{V_{CC}}{R_L} = \frac{12}{8} = 1.5(A)$$

根据以上计算结果，适当留有余量，查阅半导体器件手册，确定相应的 NPN 型和 PNP 型三极管。

5.2.2　甲乙类互补对称功率放大电路

1. 交越失真的产生

乙类互补对称功率放大电路虽然实现了全波放大，但由于没有基极偏流，当输入信号小于死区电压时，VT_1、VT_2 依然截止，输出电压为零。这样在输入信号正、负半周的交变处，也无输出信号，使波形失真，称为交越失真。

现以图 5-2(a) 中的 OCL 电路为例，交越失真的产生如图 5-3 所示。只有当输入信号正半周的幅度超过了 VT_1 管的开启电压时，VT_1 管才导通；同理，当输入信号负半周的幅度超过了 VT_2 管的开启电压时，VT_2 管才导通。因此，虽然 u_i 是正弦波信号，但 i_L 波形产生了失真，导致输出信号电压波形 u_o 在正负半周交界处产生失真，称为交越失真。输入信号越小，交越失真越大。

仿真：交越失真

图 5-3　交越失真的产生示意图

2. 甲乙类双电源互补对称功率放大电路

为消除交越失真,给两个三极管加适当的基极偏置电压,偏置电压只要大于三极管的开启电压,使两个三极管在静态时处于微导通状态,即可构成甲乙类互补对称功率放大电路,如图 5-4 所示。图中二极管 VD_3、VD_4 用来为 VT_1、VT_2 发射结提供偏置电压,利用 VD_3、VD_4 的直流电压为 VT_1、VT_2 提供大于开启电压的静态偏置,使其导通。静态时 VT_1、VT_2 都处于微导通状态,即 VT_1、VT_2 静态时的集电极电流不为零,两个三极管轮流导通时,正负交替比较平滑,达到了消除交越失真的目的。动态时,由于 VD_3、VD_4 的交流电阻很小,管压降接近为零,因此对称管两基极之间可视为等电位点,在输入信号 u_i 作用下,负载电压与电流波形得到了改善。为了克服交越失真,互补对称电路工作在甲乙类放大状态,但为了提高放大电路的效率,在设置偏置时应使其尽可能接近乙类状态,因此定量分析时,仍可近似地应用式(5-1)~式(5-10)。

图 5-4   甲乙类互补对称功率放大电路

3. 单电源互补对称功率放大电路

在 OCL 电路中采用双电源供电,使用时非常不便。如采用单电源供电,只需在两个三极管发射极与负载间接上一个大容量电容 C 即可。这种电路通常又称无输出变压器电路,简称 OTL(output transform less),电路如图 5-5 所示。

图 5-5   单电源互补放大电路

静态时,调整三极管的发射极电位,使 $V_E = \dfrac{V_{CC}}{2}$,于是电容 C 上的电压也等于 $\dfrac{V_{CC}}{2}$,这就达到了与双电源供电相同的效果,电容 C 在这里实际起着电源的作用。加上交流信号 u_i 时,因 C 值很大,可视为交流短路,而且 $R_L C$ 乘积远大于工作信号的周期,因此电容 C 上的电压总能维持不变。

当输入信号 u_i 为正半周时,VT_1 导通,VT_2 截止,有电流通过负载 R_L,并同时向电容充电;在 u_i 负半周,VT_2 导通,VT_1 截止,此时,电容 C 起负电源的作用,通过 R_L 放电,负载上得到一个完整的波形。只要 R_LC 足够大,就可保证 C 上的直流压降变化不大。

需要指出的是,单电源供电的互补对称功率放大电路功率与效率的计算方法与双电源供电相同,但要注意公式中的 V_{CC} 应用 $\dfrac{V_{CC}}{2}$ 代替,因为此时每个管子的工作电压已不是 V_{CC},而是 $\dfrac{V_{CC}}{2}$,输出电压最大值也只能达到 $\dfrac{V_{CC}}{2}$。

5.2.3 准互补功率放大电路

以上讨论的 OCL 互补功率放大电路,要求两互补输出管的参数完全匹配,但两管类型不同。要符合这一要求比较困难,特别是在大功率输出的场合,很难挑选出参数一致的一对输出互补管。采用下述的复合管电路,可解决上述难题。

1. 复合管的构成及特点

(1) 复合管的构成

复合管是指用两只或多只三极管按一定规律进行组合,等效为一只三极管。复合管又称达林顿管。复合管的组合方式如图 5-6 所示。

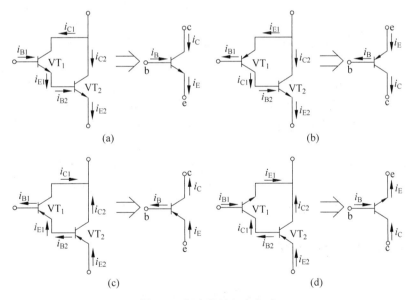

图 5-6 复合管的组合方式

(a) NPN 管;(b) PNP 管;(c) PNP 管;(d) NPN 管

(2) 复合管的特点

① 复合管的类型取决于前一只管子,即 i_B 向管内流者等效为 NPN 管,如图 5-6 中的(a)、(d)所示。i_B 向管外流者等效为 PNP 管,如图 5-6(b)、(c)所示。

② 复合管的电流放大系数约等于两只管子电流放大系数之积,即 $\beta = \beta_1 \beta_2$。

③ 复合管的各管各极电流必须符合电流一致性原则,即各极电流流向必须一致:串接点处电流方向一致,并接点处必须保证电流为两管输出电流之和。

2. OCL 准互补功率放大电路

应用复合管的双电源 OCL 准互补功率放大电路如图 5-7 所示。

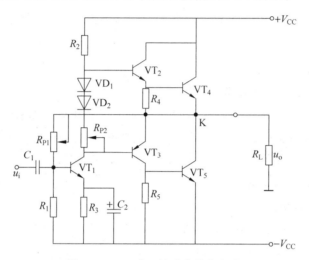

图 5-7   OCL 准互补功率放大电路

图中 VT_1 为电压推动级,VT_4、VT_5 为同型大功率管与 VT_2、VT_3 复合后构成的准互补输出。

二极管 VD_1、VD_2 及电位器 R_{P2} 上的直流压降作为 VT_2、VT_4 管和 VT_3、VT_5 管的静态偏置使用,保证它们在静态时工作在微导通状态。电阻 R_4 和 R_5 阻值不大,既可用来分流 VT_2、VT_3 中的穿透电流,又可使大功率管 VT_4、VT_5 的 $U_{(BR)CEO}$ 增大,提高耐压能力。

电位器 R_{P1} 除作为推动管 VT_1 的偏置电阻外,还具有整个电路的电压并联负反馈作用。R_{P1} 的上端不是接电源 $+V_{CC}$,而是接输出端的 K 点,因此引入的是交直流负反馈,不但稳定了静态工作点,而且改善了功率放大电路的交流指标。

5.3　集成功率放大器

集成功率放大器与分立元件三极管低频放大器比较,不仅体积小、重量轻、成本低、外接元件少、调试简单、使用方便,而且在性能上也十分优越。例如,集成功率放大器功耗低、电源利用率高、失真小。在集成功率放大器的电路中设计了许多保护措施,如过流保护、过压保护以及消噪电路等,因此可靠性大大提高。

集成功率放大器品种较多,有输出功率 1W 左右的单片集成功率组件,以及输出功率可达几十瓦的、由集成功率驱动外接大功率管组成的混合功率放大电路。本节仅介绍音频功率放大器的主要指标及典型应用电路。

5.3.1　LM386 集成功率放大器主要指标

1. LM386 外形、管脚排列及内部电路

LM386 是一种低电压通用型音频集成功率放大器,广泛应用于收音机、对讲机和信号发生器中。它的主要特点是频带宽,典型值可达 300kHz,低功耗,额定输出功率为 660mW。电源电压适用范围为 5～18V。LM386 的外形与管脚排列如图 5-8 所示,它采用 8 脚双列直插式塑料封装。

图 5-8　LM386 的外形与管脚排列

(a) 外形图;(b) 管脚排列图

LM386 有两个信号输入端,2 脚为反相输入端,3 脚为同相输入端,每个输入端的输入阻抗为 50kΩ,而且输入端对地的直流电位接近零,即使输入端对地短路,输出端直流电平也不会产生大的偏差。8 脚和 1 脚为增益设定端。当 8 脚和 1 脚断开时,电路增益为 20 倍;若在 8 脚和 1 脚之间接旁路电容,则增益为 200 倍;若在 8 脚和 1 脚接入电阻 R 电容 C 串联电路,其增益可在 20～200 之间任意调整。电路其他引脚功能可参照集成运算放大器的相应引脚。

LM386 的内部原理电路如图 5-9 所示。

图 5-9　LM386 内部电路图

2. LM386 主要性能指标

LM386 的电源电压范围为 5～18V。当电源电压为 6V 时,静态工作电流为 4mA。LM386 在 6V 电源电压下可驱动 4Ω 负载;9V 电源可驱动 8Ω 负载;16V 电源可驱动 16Ω 负载。8 脚和 1 脚开路时频带宽为 300kHz,总谐波失真为 0.2%,输入阻抗为 50kΩ。

5.3.2　LM386 应用电路

用 LM386 组成的 OTL 功率放大电路如图 5-10 所示,信号从 3 脚同相输入端输入,从 5 脚经耦合电容输出。

图 5-10　LM386 应用电路

图 5-10 所示电路中,7 脚所接 20μF 的电容为去耦滤波电容。8 脚和 1 脚所接电容、电阻用于电路的闭环电压增益,电容取值为 10μF,电阻在 0～20kΩ 范围内取值。改变电阻值可使集成功率放大器的电压放大倍数在 20～200 之间变化。R 值越小,电压增益越大。当需要高增益时,可取 $R=0$,只将一只 10μF 电容接在 8 脚和 1 脚之间即可。输出端 5 脚所接 10Ω 电阻和 0.1μF 电容组成阻抗校正网络,抵消负载中的感抗分量,防止电路自激,有时也可省去不用。

5.3.3　TDA2030 专用集成功率放大器

1. TDA2030 性能指标和管脚排列

TDA2030 外形如图 5-11 所示,是当前音质较好的一种音频集成块,它的引脚数和外部元件很少。该集成块的电气性能稳定、可靠,能适应长时间连续工作,集成块内具有过载保护和过热切断保护。该集成块适用于各种音响装置,如在收录机、高保真立体声扩音机等装置中作为音频功率放大器。

TDA2030 的性能参数如下。

- 电源电压为 ±(6～18)V。
- 输出峰值电流为 3.5A。
- 功率频带宽为 10Hz～140kHz。
- 静态电流 I_{CO} 不超过 60mA。
- 当电源电压为 ±14V,$R_L=4Ω$ 时的输出功率为 14W。

图 5-11 TDA2030 的管脚排列

2. TDA2030 组成的 OCL 功率放大电路

如图 5-12 所示，电路中 R_1、R_2 为电压串联负反馈电阻，C_4、C_5 为电源高频退耦电容，R_4、C_7 为消振电路，二极管 VD_1、VD_2 作为输出电压限幅保护。

图 5-12 TDA2030 组成的 OCL 功率放大电路

本 章 小 结

功率放大电路和电压放大电路各有特点。功率放大电路要求有大的且不失真输出功率，而电压放大电路要求有大的电压增益。

功率放大电路根据功率放大管静态工作点的不同可分为甲类、乙类、甲乙类。为提高效率，避免产生交越失真，功率放大电路常采用甲乙类的互补对称双管推挽电路（OCL、OTL）。

功率放大电路在电源确定的情况下，应在非线性失真允许的范围内，高效率地获得尽可能大的输出功率，因此功率放大管常工作于极限应用状态。同时要考虑功率放大管工作的安全性，故必须满足 $P_{om} < P_{CM}$、$U_{cem} < U_{(BR)CEO}$、$I_{cm} < I_{CM}$ 等条件。功率放大电路

的主要性能指标是最大不失真输出功率 P_{om}、效率 η 和非线性失真程度。

由复合管构成的准互补对称推挽输出级,通常最末两个输出管是同类型的,应用时给管子参数的配对带来很大方便。进一步提高输出功率,需要采用多个功率管并联工作的方式,为了使电路工作稳定、可靠,各功率管射极要串联适当的电流串联负反馈电阻(称为均流电阻)。

功率放大电路可应用集成化器件,其种类较多,均具有体积小、重量轻、工作稳定可靠、性能指标高、外围电路简单、参数调整方便等优点,因此被广泛应用。

本章能力模块

通过本章的学习,应了解功率放大电路的特点及分类,掌握 OCL 及 OTL 电路的组成及主要参数指标的估算。

掌握准互补对称功率放大电路的组成及分析,掌握常用集成功率器件如 LM386、TDA2030 的功能、引脚及应用电路。

本章建议做的实验如下。

(1) 分立元件 OTL 电路的实验。按图接线,设置电路静态值,测试最大不失真输出电压、最大不失真输出功率及电路效率。

(2) 集成功率放大器件电路实验。掌握集成功率放大器件的正确连接,调试适当静态值,测试最大不失真输出电压及最大输出功率。

(3) 用软件仿真 OCL 功率放大电路。按要求搭接好相应功率放大电路,并测试最大不失真电压和最大不失真输出功率,并通过虚拟示波器观察相应波形。

习   题

5.1   功率放大电路的特点是什么? 什么是功率三极管的甲类、乙类和甲乙类工作状态?

5.2   简述 OTL 和 OCL 电路的工作原理。

5.3   交越失真是怎样产生的? 如何消除交越失真?

5.4   填空题。

(1) 甲类功率放大电路的放大管在信号的一个周期中导通角等于_____;乙类电路的放大管在信号的一个周期中导通角等于_____;在甲乙类放大电路中,放大管的导通角大于_____、小于_____。

(2) 乙类推挽功率放大电路的理想效率为_____;这种电路存在_____失真,为了消除这种失真,应当使电路工作在_____类状态。

(3) 由于在功率放大电路中功率管常处于极限工作状态,因此,在选择管子时要注意_____、_____和_____三个参数。

5.5   图 5-13 所示为一个 OCL 功率放大电路,已知 $\pm V_{CC} = \pm 12V$,$R_L = 4\Omega$。要求:

(1) 求理想状态下,负载上得到的最大输出功率 P_{om} 和电源提供的功率 P_E。

(2) 对三极管的 P_{CM}、I_{CM} 和 $U_{(BR)CEO}$ 的要求有哪些?

（3）在实际工作中，若考虑三极管的饱和压降 $U_{CES}=2V$，求电路的最大输出功率 P_{om} 和效率 η。

5.6　如图 5-14 所示，各复合管的接法是否正确？如不正确，请加以改正，并标明等效管的类型和电极名称。

图 5-13　习题 5.5 图　　　　　　　　图 5-14　习题 5.6 图

5.7　若采用图 5-13 所示乙类 OCL 功率放大电路，已知 $R_L=8\Omega$，要求不失真最大输出功率达到 20W，功率放大管的饱和压降可忽略不计，要求：

（1）电源电压 V_{CC} 应选为多大？

（2）每只功率管的极限参数 P_{CM} 至少应为多大？

5.8　某 OCL 功率放大电路如图 5-15 所示，三极管为硅管，负载电流为 $i_o=\sqrt{2}\cos\omega t$ A。要求：

（1）求输出功率 P_o 和最大输出功率 P_{om}。

（2）求电源供给的功率 P_E 及效率。

（3）说明二极管 VD_1、VD_2 的作用。

5.9　如图 5-16 所示，其中 $R_L=16\Omega$，C_L 容量很大。要求：

（1）若 $V_{CC}=12V$，三极管的饱和压降可忽略不计，试求 P_{om}。

（2）若 $P_{om}=2W$，三极管的饱和压降为 1V，求 V_{CC} 最小值并确定管子参数 P_{CM}、I_{CM} 和 $U_{(BR)CEO}$。

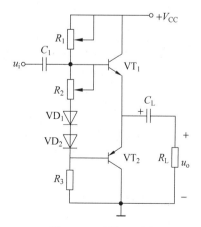

图 5-15　习题 5.8 图　　　　　　　　图 5-16　习题 5.9 图

第 6 章

正弦波信号振荡电路

接通直流电源之后可以自动输出不同频率、不同波形的交流信号，且能把电源的直流电能转换成交流电能的电子线路称为自激振荡电路或振荡器。振荡器在通信、广播、自动控制、仪表测量、高频加热及超声探伤等方面具有广泛用途。根据振荡器产生的波形不同，分为正弦波振荡器和非正弦波振荡器。

正弦波振荡电路是不需要输入信号，可以独立地输出一定频率和幅度的正弦周期信号的电子电路。正弦波振荡器根据电路组成可分为 *RC* 振荡器、*LC* 振荡器和石英晶体振荡器。

6.1 正弦波信号振荡电路的基本概念

6.1.1 产生自激振荡的条件

下面通过图 6-1 所示框图分析产生自激振荡的条件。

动画：自激振荡条件

$\dot{A}$ 是放大电路，放大系数为 A，$\dot{F}$ 是反馈电路，反馈系数是 F。当开关 S 接在位置 1 时，放大电路的输入端与一正弦波信号源 $\dot{U}_i$ 相接，输出电压 $\dot{U}_o = \dot{A}\dot{U}_i$。通过反馈电路得到反馈电压 $\dot{U}_f = \dot{F}\dot{U}_o$。若适当调整放大电路和反馈电路的参数，使 $\dot{U}_f = \dot{U}_i$，即两者大小相等，相位也相同，这时再将开关 S 由位置 1 换接到位置 2 上，反馈电压 U_f 即可代替原来的输入信号 $\dot{U}_i$，仍维持输出电压 $\dot{U}_o$ 不变。这样，整个电路就成为一个自激振荡电路，即没有输入信号也有输出电压。

由图 6-1 可知，产生振荡的基本条件是反馈信号与输入信号大小相等、相位相同。根据以上分析可得

$$\dot{U}_f = \dot{F}\dot{U}_o$$

$$\dot{U}_o = \dot{A}\dot{U}_{id}$$

因 $\dot{U}_f = \dot{U}_{id}$，则有

$$\dot{U}_f = \dot{F}\dot{U}_o = \dot{A}\dot{F}\dot{U}_{id} \quad 即 \quad \dot{A}\dot{F} = 1 \tag{6-1}$$

式(6-1)即为振荡电路产生自激振荡的条件。

图 6-1　振荡电路产生自激振荡的条件

因 $\dot{A}=A\angle\varphi_{A}$，$\dot{F}=F\angle\varphi_{f}$，代入式(6-1)可得

$$\dot{A}\dot{F}=A\angle\varphi_{A}F\angle\varphi_{f}=1$$

由此式可得以下两个自激振荡的条件。

1. 振幅平衡条件

振荡电路产生自激振荡时满足振幅平衡条件

$$|\dot{A}\dot{F}|=1 \tag{6-2}$$

即放大倍数与反馈系数乘积的模为 1。它表示反馈信号 $\dot{U}_{f}$ 与原输入信号 $\dot{U}_{i}$ 的幅度相等。

2. 相位平衡条件

振荡电路产生自激振荡时满足相位平衡条件

$$\varphi_{A}+\varphi_{f}=2n\pi \quad (n=0,1,2,\cdots) \tag{6-3}$$

即放大电路的相移与反馈网络的相移之和为 $2n\pi$，引入的反馈为正反馈，反馈端信号与输入端信号同相。

6.1.2　正弦波振荡电路的组成

要使一个没有外来输入的放大电路产生一定频率和幅度的正弦输出信号，电路中必须包含放大电路、正反馈网络和选频网络。很多正弦波振荡电路中，选频网络与反馈网络结合在一起。一般为了使输出的正弦信号幅度保持稳定，还要加入稳幅环节。

正弦波振荡器一般包括以下四个部分。

(1) 放大电路。没有放大信号就会逐渐衰减，不可能产生持续的正弦波振荡。放大电路不仅必须有供给能量的电源，而且应当结构合理，静态工作点正确，以保证放大电路具有放大作用。

(2) 反馈网络。它的主要作用是形成反馈(主要是正反馈)。

(3) 选频网络。它的主要作用是只让单一频率满足振荡条件，形成单一频率的正弦波振荡。选频网络所确定的频率一般就是正弦波振荡电路的振荡频率。常用的有 RC 选频网络、LC 选频网络和石英晶体选频网络等。选频网络还可以单独存在，也可以与放大电路或反馈电路结合在一起。

(4) 稳幅环节可使振荡幅值稳定，改善波形。稳幅环节的作用是稳定振荡的幅度，抑

制振荡中产生的谐波。稳幅电路是振荡电路中不可缺少的环节。常用的有两种稳幅方法:一种是利用振荡管特性的非线性(饱和或截止)实现稳幅,称为内稳幅;另一种是利用外加稳幅电路实现稳幅,称为外稳幅,通常用负反馈。

对于一个振荡电路,其分析重点是要判断它能否产生振荡。

6.1.3　振荡电路的起振与稳幅

式(6-2)及式(6-3)是维持振荡的平衡条件,是指振荡电路已进入振荡的稳定状态为使振荡电路接通直流电源后能自动起振,必须满足振幅起振条件和相位起振条件。

振幅起振条件:

$$|\dot{A}\dot{F}| > 1 \qquad\qquad (6\text{-}4)$$

相位起振条件:反馈电压与输入电压同相,即正反馈。

当振荡电路接通电源时,电路中就会产生微小的、不规则的噪声和电源刚接通时的冲击信号,它们包含从低频到高频的各种频率的谐波成分,其中必有一种频率信号 f。能满足相位平衡条件。如果电路的放大倍数足够大,能满足 $|\dot{A}\dot{F}| > 1$ 的条件,微小信号经过正反馈,不断地放大,输出信号在很短时间内就会由小变大,使振荡电路起振。

起振后,振荡幅度迅速增大,使放大器工作在非线性区,致使放大倍数 $|\dot{A}|$ 下降,直到 $|\dot{A}\dot{F}| = 1$,振荡进入稳定状态。

6.2　RC 正弦波振荡电路

根据 RC 选频网络的结构,RC 正弦波振荡器分成 RC 桥式、RC 移相式和双 T 网络式正弦波振荡电路等。其中后两种电路形式的振荡频率不易调节,且只能产生固定的单一频率。本节重点讨论 RC 桥式振荡电路。RC 桥式正弦波振荡电路一般用来产生 1 赫兹到数百千赫兹的低频信号,常用的低频信号源大多采用这种电路形式。

文氏桥式正弦波电路中,主要采用了 RC 串并联网络作为选频网络和反馈网络,故又称为串并联网络正弦振荡电路。

1. 电路组成

图 6-2 是 RC 文氏桥式正弦波电路。其中集成运放是放大电路,R_3 和 R_f 构成负反馈支路。上述两个反馈支路正好形成四臂电桥,故称之为文氏桥式正弦波电路。

图中 R_f 和 R_3 构成负反馈电路,可降低并稳定放大器的电压放大倍数,这不仅可改善输出波形失真的问题,而且能使振荡电路工作稳定。R_1、C_1、R_2、C_2 组成一个 RC 串并联网络,这个网络既是正反馈网络也是选频网络。

2. RC 串并联网络的选频特性

图 6-3 是 R_1C_1 和 R_2C_2 组成的串并联网络的电路图,其中 U_o 为输入电压,$\dot{U}_f$ 为输出电压。先来分析该网络的频率特性。

仿真:文氏桥式振荡电路

图 6-2 RC 文氏桥式正弦波电路

当输入信号的频率较低时,满足 $1/\omega c_1 \gg R_1$,$1/\omega c_2 \gg R_2$,信号频率越低,$1/\omega c_1$ 值越大,输出信号 U_f 的幅值越小,且 $\dot{U}_f$ 比 $\dot{U}_o$ 的相位超前。在频率接近零时,$|\dot{U}_f|$ 趋近于零,相移超前接近 $+\pi/2$。

当信号频率较高时,满足 $1/\omega c_1 \ll R_1$,$1/\omega c_2 \ll R_2$,而且信号频率越高,$1/\omega c_2$ 值越小,输出信号的幅值也越小,且 $\dot{U}_f$ 比 $\dot{U}_o$ 的相位越滞后。在频率趋近于无穷大时,$|\dot{U}_f|$ 趋近于零,相移滞后接近 $-\pi/2$。

图 6-3 RC 串并联网络的电路图

综上所述,当信号的频率降低或升高时,输出信号的幅度都要减小,而且信号频率由接近零向无穷大变化时,输出电压的相移由 $+\pi/2$ 向 $-\pi/2$ 变化。不难发现,在中间某一频率时,输出电压幅度最大,相移为零。

下面定量分析该网络的频率特性。

由图 6-3 可以推导出它的频率特性,通常取 $R_1 = R_2 = R$,$C_1 = C_2 = C$,则

$$\dot{F} = \frac{\dot{U}_f}{\dot{U}_o} = \frac{Z_2}{Z_1 + Z_2} = \frac{\dfrac{R}{1 + j\omega RC}}{R + \dfrac{1}{j\omega C} + \dfrac{R}{1 + j\omega RC}}$$

$$= \frac{1}{3 + j\left(\omega RC - \dfrac{1}{\omega RC}\right)}$$

令 $\omega_0 = \dfrac{1}{RC}$,则上式变为

$$\dot{F} = \frac{1}{3 + j\left(\dfrac{\omega}{\omega_0} - \dfrac{\omega_0}{\omega}\right)}$$

幅频特性为

$$|F| = \cfrac{1}{\sqrt{3^2 + \left(\cfrac{\omega}{\omega_0} - \cfrac{\omega_0}{\omega}\right)^2}} = \cfrac{1}{\sqrt{3^2 + \left(\cfrac{f}{f_0} - \cfrac{f_0}{f}\right)^2}} \qquad (6\text{-}5)$$

相频特性为

$$\varphi_f = -\arctan \cfrac{\cfrac{\omega}{\omega_0} - \cfrac{\omega_0}{\omega}}{3} = -\arctan \cfrac{\cfrac{f}{f_0} - \cfrac{f_0}{f}}{3} \qquad (6\text{-}6)$$

根据式(6-5)和式(6-6)画出 $\dot{F}$ 的频率特性,如图 6-4 所示。当 $f = f_0 = \dfrac{1}{2\pi RC}$ 时,F 的幅值最大,最大值为

$$F = \frac{1}{3}$$

F 的相位角为零 $\qquad\qquad\qquad\qquad \varphi_f = 0$

即当 $\omega = \omega_0 = \dfrac{1}{RC}$ 时,F 达到最大,为 $1/3$,相角 $\varphi_f = 0$,即输出电压与输入电压同相。而当 f 偏离 f_0 时,F 急剧下降,φ_f 趋向 $\pm 90°$。

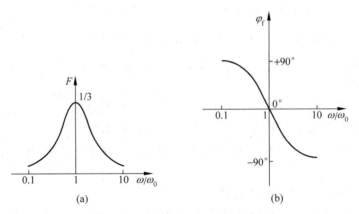

图 6-4 RC 串并联选频网络的频率特性

(a) 幅频特性;(b) 相频特性

3. 电路的起振条件及振荡频率

由图 6-2 所示的 RC 桥式振荡电路可见,放大电路的输出电压 $\dot{U}_o$ 与输入电压 $\dot{U}_f$ 同相,$\varphi_f = 0$,放大电路的输入电压为 RC 选频网络的输出电压 $\dot{U}_f$,它是输出电压 $\dot{U}_o$ 的一部分。当 $f = f_0 = \dfrac{1}{2\pi RC}$ 时,$\dot{U}_f$ 与 $\dot{U}_o$ 同相,即 $\varphi_f = 0$,这样,$\varphi_f + \varphi_A = 0$,满足相位平衡条件。而对其他频率成分不满足相位平衡条件。同时,在该频率上,反馈电压 $\dot{U}_f$ 具有最大值,反馈最强。因此,该电路的自激振荡频率只能为 f_0。这就保证了电路的输出为单一频率的正弦波。

为了满足起振的幅度平衡条件,还要求 $|AF| > 1$。

因为 $f=f_0=\dfrac{1}{2\pi RC}$ 时，$|F|=\dfrac{1}{3}$，由于 $|AF|=\dfrac{1}{3}|A|>1$，得 $|A|>3$。

因同相比例电路的电压放大倍数为

$$A=1+\frac{R_f}{R_1}$$

由 $A>3$ 可获得电路的起振条件为

$$R_f>2R_1$$

振荡频率为

$$f_0=\frac{1}{2\pi RC}$$

另外，R_f 引入的是电压串联负反馈，它能够提高输入电阻，同时使输出电阻减小，可以提高输出端的带负载能力，还可以提高振荡电路的稳定性和改善输出电压的波形（使其更接近正弦波）。

4. 负反馈支路的作用

由于电源电压波动电路参数的变化，特别是环境温度的变化，会使输出幅度不稳定。为此，一般在电路中引入负反馈，以减小非线性失真，改善输出波形。

图 6-2 所示电路中，R_f 和 R_3 构成电压串联负反馈支路。调整 R_f 值可以改变电路的放大倍数，使放大电路工作在线性区，减小波形失真。有时为了克服温度和电源电压等参数变化对振荡幅度的影响，常选用具有负温度系数的热敏电阻作 R_f。当输出幅度增大时，流过电阻 R_f 的电流增大，使 R_f 的温度升高，电阻 R_f 值减小，负反馈加强，使输出幅度下降，从而保持输出幅度几乎不变。相反，当输出幅度减小时，R_f 的负反馈支路会使放大倍数增大，使输出幅度保持稳定，从而实现了稳幅作用。

【例 6-1】 图 6-2 所示电路中，若 $R_1=R_2=100\Omega$，$C_1=C_2=0.22\mu F$，$R_3=10k\Omega$，求振荡频率以及满足振荡条件的 R_f。

解　　$f_0=\dfrac{1}{2\pi RC}=\dfrac{1}{2\times3.14\times100\times0.22\times10^{-6}}=7.23(\mathrm{kHz})$

要满足起振条件，$R_f>2R_3$

$$R_f>2\times10=20(\mathrm{k}\Omega)$$

R_f 取大于 $20\mathrm{k}\Omega$ 的电阻。

6.3　LC 正弦波振荡电路

LC 正弦波振荡电路的选频网络为 LC 并联回路，它主要用于产生高频正弦波信号。

6.3.1　LC 选频放大电路

图 6-5 是一个 LC 并联回路的电路图，其中除电感 L 和电容 C 之外，电阻 R 表示回路损耗的等效电阻，其值一般很小。

图 6-5　*LC* 并联回路

1. 定性分析

当 *LC* 并联回路两端所加信号电压 $\dot{U}$ 的频率改变时,电路的阻抗 Z 也将随之变化。

在信号的频率很低时,电容支路容抗很大,而电感支路的感抗很小。当加入信号 $\dot{U}$ 后,电流 $\dot{I}$ 主要流过电感支路,故电路的总阻抗性质取决于电感支路,呈感抗性质。

在信号频率很高时,电感支路感抗很大,而电容支路容抗很小,所以当加入 $\dot{U}$ 后,电流主要流过电容支路,故电路的总阻抗性质取决于电容支路,呈容性性质。

总之,上述两种情况下无论呈感抗还是容抗,总阻抗值都比较小,而且频率越向高、低两端变化,阻抗值越小。相反,信号频率向中间频率范围变化时,阻抗会逐渐增大。当某一频率 $f = f_0$ 时,两支路电抗相等而相互抵消,并联回路呈纯阻抗性,而且总阻抗达到最大值。

综上所述,*LC* 并联回路中,信号频率低时呈感性,频率越低总阻抗越小;信号频率高时,呈容抗,频率越高总阻抗也越小。当中间某一频率 $f = f_0$ 时,称电路发生了谐振,此频率称为谐振频率。

2. 求谐振频率

图 6-5 电路的等效阻抗为

$$Z = \frac{\dfrac{1}{\mathrm{j}\omega C}(R + \mathrm{j}\omega L)}{\dfrac{1}{\mathrm{j}\omega C} + R + \mathrm{j}\omega L} \approx \frac{\dfrac{L}{C}}{R + \mathrm{j}\left(\omega L - \dfrac{1}{\omega C}\right)} \quad (\text{一般 } R \ll \omega L) \tag{6-7}$$

对于某个特定频率 ω_0,可满足 $\omega_0 L = \dfrac{1}{\omega_0 C}$,即 $\omega_0 = \dfrac{1}{\sqrt{LC}}$

或

$$f_0 = \frac{1}{2\pi\sqrt{LC}}$$

此时电路产生并联谐振,f_0 称为谐振频率。谐振时,Z 呈纯电阻性质,且达到最大值,用 Z_0 表示,即

$$Z_0 \approx \frac{L}{RC} = Q\omega_0 L = Q/\omega_0 C$$

式中

$$Q = \omega_0 L / R = \frac{1}{R\omega_0 C} = \frac{1}{R}\sqrt{\frac{L}{C}}$$

Q 为谐振回路的品质因数,是 *LC* 电路的一项重要指标,一般谐振电路的 Q 值为几十到几百。

3. 频率特性

在频率谐振附近,即当 $\omega = \omega_0$ 时,式(6-7)可近似表示为

$$Z \approx \frac{Z_0}{1 + jQ\left(1 - \dfrac{\omega_0^2}{\omega^2}\right)}$$

因此可以画出不同的 Q 时,并联电路的幅频特性和相频特性如图 6-6 所示。

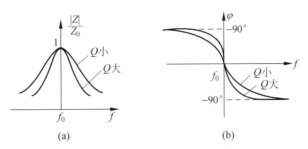

图 6-6　LC 并联电路的幅频特性和相频特性

(a) 幅频特性;(b) 相频特性

由以上分析可得出以下结论。

(1) LC 并联回路具有选频特性。当 $f = f_0$ 时,回路总阻抗为纯阻性,阻值最大。当 $\omega < \omega_0$ 时,总阻抗呈感性,阻抗随 f 降低而减小,相角为正值;当 $f > f_0$ 时,总阻抗呈容抗,阻抗值随 f 提高而减小,相角为负值。

(2) LC 回路的谐振频率 f_0 与回路参数有关,当品质因数 Q 较高时,$\omega_0 \approx \dfrac{1}{\sqrt{LC}}$,即

$$f_0 = \frac{1}{2\pi\sqrt{LC}}。$$

(3) LC 回路的品质因数 $Q = \dfrac{\omega_0 L}{R}$ 值越大,则阻抗频率特性越尖锐,相频特性越陡,回路的选频特性越好,同时回路谐振时电阻值 Z_0 也越大。

6.3.2　变压器反馈式 LC 振荡电路

1. 电路组成和工作原理

图 6-7 是一种变压器反馈式 LC 选频正弦波振荡电路。图中三极管 VT 接成共射极电路,变压器的原线圈 L 和电容 C 组成并联谐振电路,作晶体管的集电极负载,具有选频特性,变压器的绕组 N_2 构成正反馈支路,绕组 N_3 是输出网络,能将振荡信号送至负载 R_L。

这个电路能否产生自激振荡,需判断其是否满足自激振荡的条件。首先用瞬时极性法判断它是否具有正反馈,将图 6-7 中的反馈电路从 K 点断开,并向电路输入端加信号 $\dot{U}_i$,假设 $\dot{U}_i$ 的相位为零,用＋表示。由于 LC 并联回路谐振时为纯阻性,故集电极 c 点与基极 b 点相位差为 $180°$,即 $\varphi_A = 180°$,所以集电极 c 点相位用－表示。根据变压器绕组间同名端极性相同的规定,N_2 引的反馈电压 $\dot{U}_f$ 与集电极 c 点电压的相位又差 $180°$,$\varphi_f = 180°$,故用＋表示。可见,$\dot{U}_f$ 与 $\dot{U}_i$ 相位相同。即 $\varphi_f + \varphi_A = 360°$。所以放大反馈环路能满足相位平衡条件,电路产生振荡。

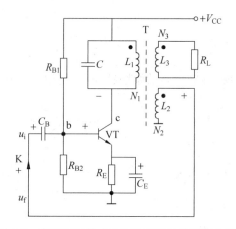

图 6-7　变压器反馈式 LC 选频正弦波振荡电路

再从振幅平衡条件看,适当调整 N_2 的圈数,使电路有足够的反馈量即可使频率为 f_0 的信号满足平衡条件。

2. 振荡频率与起振条件

变压器反馈式 LC 振荡电路具有良好的选频特性,它只能在某一频率下产生自激振荡,因而输出正弦波信号。在 LC 并联回路中,信号频率低时呈感抗,频率越低总阻抗值越小;信号频率高时呈容抗,频率越高总阻抗值越小。只有在中间某一频率 f_0 时,呈纯阻性且总等效阻抗值越大,放大电路的电压放大倍数越大。因此,LC 并联回路在信号频率为 f_0 时发生并联谐振,谐振频率为

$$f_0 = \frac{1}{2\pi\sqrt{LC}}$$

当将振荡电路与电源接通时,在集电极电路中可激励一个微小的电流变化。它一般不是正弦量,但它包含一系列频率不同的正弦分量,其中总会有与谐波频率相等的分量。谐振回路对频率为 f_0 的分量发生并联谐振,即对 f_0 这个频率来说,正反馈电压 $\dot{U}_f$ 的值最大,该值被送到基极被放大,输出更大的电压,然后再反馈、放大,最终产生恒定幅度的正弦波。对于其他的频率分量,不能发生并联谐振,这样就达到了选频的目的,在输出端得到的只是频率为 f_0 的正弦波信号。当改变 LC 电路的参数 L 或 C 时,即可调节输出信号的频率。

3. 变压器反馈式正弦波振荡电路的特点

(1) 易起振,振荡输出电压较大。由于采用变压器耦合,因此易满足阻抗匹配的要求。

(2) 调节频率方便。一般在 LC 回路中采用接入可变电容器的方法来实现振荡频率的调节,这种电路的调频范围较宽,工作频率通常在几兆赫左右。

(3) 输出波形失真较大。由于反馈信号取自电感两端,它对高次谐波的阻抗大,反馈也大,因此输出波形中含有较多高次谐波成分。

6.3.3　电感反馈式、电容反馈式 LC 振荡电路

除变压器反馈式振荡电路之外,还有电感三点式 LC 振荡电路和电容三点式 LC 振

荡电路,下面分别进行讨论。

1. 电感三点式 *LC* 振荡电路

(1)电路组成与原理

电感三点式 *LC* 振荡电路如图 6-8 所示。由共射极放大电路组成。*LC* 并联回路中电感分为 L_1 和 L_2 两部分。将 C_b、C_e 隔直和旁路电容看作短路。电源 V_{CC} 对地短路处理,电感的三个端分别与三极管的基极、射极、集电极相连。反馈线圈是电感线圈的一段,通过它把反馈电压 $\dot{U}_f$ 送到输入端,这样可以实现反馈。反馈电压的大小可以通过改变抽头的位置来调整。因此,电感三点式 *LC* 振荡电路又称为电感反馈式振荡电路。下面分析电路的相位平衡条件。

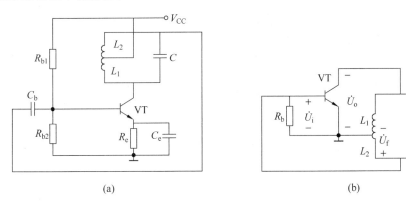

图 6-8 电感三点式 *LC* 振荡电路

(a)电路组成;(b)交流通路

假设在图 6-8 中向放大电路输入端加入信号 $\dot{U}_i$,极性用＋表示,由于谐振时 *LC* 并联回路的阻抗是纯阻性,因此集电极和基极相位相反,故集电极极性用－表示,即 $\varphi_A = 180°$,而 L_2 上的反馈电压 $\dot{U}_f$ 的极性相反,即 $\varphi_f = 180°$,则 $\dot{U}_f$ 与 $\dot{U}_i$ 同相,电路满足相位平衡条件,能够产生正弦波振荡。

电感三点式振荡电路的振荡频率基本上等于 *LC* 并联回路的谐振频率,即

$$f_0 \approx \frac{1}{2\pi\sqrt{LC}} = \frac{1}{2\pi\sqrt{(L_1 + L_2 + 2M)C}} \tag{6-8}$$

式中,M 是电感 L_1 和电感 L_2 之间的互感。

(2)电路特点

电感三点式振荡电路简单,易于起振。但由于反馈信号取自电感 L_2,电感对高次谐波的感抗大,因而输出振荡电压的谐波分量增大,波形较差,常用于波形要求不高的设备中,如高频加热炉,其振荡频率通常在几十兆赫以下。

2. 电容三点式 *LC* 振荡电路

(1)电路组成与工作原理

电容三点式 *LC* 振荡电路又称电容反馈式振荡电路,如图 6-9 所示。三极管的三个

电极分别与回路电容 C_1 和 C_2 的三个端点相连,反馈电压从 C_2 上取出,这种连接可以保证实现正反馈。电容三点式 LC 振荡电路的振荡频率为

$$f_0 \approx \frac{1}{2\pi\sqrt{LC}} = \frac{1}{2\pi\sqrt{\left(L\dfrac{C_1 C_2}{C_1 + C_2}\right)}} \tag{6-9}$$

(a)   (b)

图 6-9   电容三点式 LC 振荡电路

(a) 电路组成;(b) 交流通路

(2) 电容三点式 LC 振荡电路的特点

① 由于电容反馈支路对高次谐波阻抗小,因而反馈信号中谐波分量较少,所以输出波形较好。

② 回路电容 C_1 和 C_2 的容量可以选得很小,因此该电路振荡频率较高,一般可达 100MHz 以上。

③ 一般 C_1 和 C_2 都选用固定的电容靠调节 L 或并联在其上的电容器来改变振荡频率,所以这种电路频率调节不方便而且调节范围较窄。为了克服调节范围小的缺点,常在电感 L 支路中串联一个容量较小的可调电容,用它来调节振荡频率。

图 6-10   电容三点式改进电路

3. 电容三点式改进电路

为了提高电路的振荡频率,在电容三点式电路中尽量减少 C_1 和 C_2 的电容量,甚至与三极管极间电容值相近。这样,由温度等外界因素的影响,或更换三极管时,电路的振荡频率也随之改变,所以频率稳定度较差。

要克服这个缺点,可以通过线圈 L 再串联一个较小的可变电容 C_3 来调节振荡频率,图 6-10 为电容三点式改进电路,振荡频率为

$$f_0 = \frac{1}{2\pi\sqrt{LC}} = \frac{1}{2\pi\sqrt{\left(\dfrac{1}{\dfrac{1}{C_1} + \dfrac{1}{C_2} + \dfrac{1}{C_3}}\right)L}} \tag{6-10}$$

其中在选择电容参数时,一般取 C_1 和 C_2 的容量较大以掩盖极间电容变化的影响,从而

使串联在 L 支路中的 C_3 值较小,即 $C_3 \ll C_1$,$C_3 \ll C_2$,则式(6-10)可近似为

$$f_0 \approx \frac{1}{2\pi\sqrt{LC_3}}$$

由于振荡电路频率 f_0 只取决于 L 和 C_3 的值,而与 C_1 和 C_2 的关系很小,所以当极间电容改变时对 f_0 影响也就很小。这种电路稳定度可达到 10^{-4} 到 10^{-5} 左右。

本 章 小 结

正弦波振荡电路是指自己能够产生一定幅度和一定频率正弦波的电子电路。

产生自激振荡的条件是幅度平衡条件:$|AF|=1$;相位平衡条件:$\varphi_A + \varphi_f = 2n\pi(n=0,1,2,\cdots)$。振荡电路起振条件:幅度起振条件:$|AF|>1$;相位平衡条件:$\varphi_A + \varphi_f = 2n\pi(n=0,1,2,\cdots)$。

正弦波振荡电路的组成为放大电路、正反馈、选频网络、稳幅环节四个基本部分。以保证产生单一频率和幅值稳定的正弦波。根据选频网络的不同,要求掌握 RC 桥式正弦波振荡电路的电路结构、工作原理和振荡频率计算;三点式振荡电路的电路结构、电路判断及振荡频率计算。

本 章 能 力 模 块

通过本章学习,应掌握自激振荡电路的条件,正弦波振荡电路的基本组成。理解 RC 选频及 LC 选频的特点,组成振荡电路的结构及判断方法。

本章建议做的实验如下。

(1) RC 串并联选频正弦波电路实验。要求用示波器观察振荡波形,测试波形周期并与理论计算值相比较。

(2) LC 选频正弦波电路实验。要求会搭接电路,并用示波器观察输出波形。

(3) 用软件仿真振荡电路输出。用仿真软件搭接振荡电路,用虚拟仪器观察输出波形并测试相关参数。

习 题

6.1 根据正弦波振荡的条件,判别图 6-11 所示的电路能否产生振荡。

6.2 如图 6-12 所示,要组成一个正弦波振荡电路,要使电路正常工作,①接至_____端;②接至_____端;③接至_____端;④接至_____端。

6.3 如图 6-12 所示,若要提高振荡频率,可( )。

    A. 增大 R B. 减小电容 C C. 增大 R_1 D. 减小 R_1

6.4 如图 6-12 所示,若要振荡器输出波形产生失真,应( )。

    A. 增大 R B. 增大 R_1 C. 增大 R_2

6.5 文氏电桥正弦波振荡电路如图 6-13 所示,已知:$R = 10\text{k}\Omega$,$R_1 = 10\text{k}\Omega$,R_P

图 6-11　习题 6.1 图

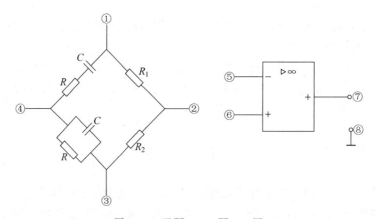

图 6-12　习题 6.2～题 6.4 图

$50k\Omega$,$C=0.01\mu F$,A 为理想运放。要求：

（1）标出运放 A 的输入端符号。

（2）估算振荡频率 f_0。

（3）分析二极管 VD_1 和 VD_2。

6.6　如图 6-14 所示，$R_1=R_2=1k\Omega$,$C_1=C_2=0.02\mu F$,试求振荡频率。

图 6-13　习题 6.5 图

图 6-14　习题 6.6 图

6.7　如图 6-15 所示，根据正弦波振荡的相位条件，判别电路能否产生振荡。若不能振荡，请对电路加以改进。

(a)

(b)

图 6-15　习题 6.7 图

6.8　收音机的本机振荡电路如图 6-16 所示，C_1、C_2 对振荡信号视为短路。要求：

（1）该振荡电路的放大、正反馈和选频三部分各由哪些元件组成？

（2）在振荡变压器的初级、次级标出正确的同名端，使反馈成为正反馈。

图 6-16　习题 6.8 图

第 7 章

直流稳压电源

电子设备中所需要的直流电源,通常是将电网提供的交流电经过变压、整流、滤波和稳压以后得到的。

本章简要介绍整流电路、滤波电路和稳压电路的基本形式和工作原理,以及有代表性的集成稳压电路的应用。

7.1 直流稳压电源的组成

电网供电是交流电,但是在某些生产和科学实验中,例如,直流电动机、电解、电镀、蓄电池的充电等场合,都需要用直流电源供电,尤其在电子技术和自动控制装置中还需要用电压非常稳定的直流电源。直流稳压电源的功能是将 220V、50Hz 的交流电压变换为幅值稳定的直流电压。单相小功率直流电源一般由电源变压器、整流、滤波和稳压电路四部分组成,如图 7-1 所示。各环节作用如下。

(1) 变压。电网提供的交流电 u_1 有效值一般为 220V(或 380V),而负载所需要的直流电压值却各不相同,故采用变压器把电网电压 u_1 变为符合整流需要的电压 u_2。

仿真:整流滤波及稳压电路

(2) 整流。利用具有单向导电性能的整流元件,将正弦交流电压 u_2 变为单向脉动电压 u_3。u_3 为非正弦周期电压,含有直流成分和各种谐波交流成分。

(3) 滤波。利用电感、电容等元件的频率特性,将脉动电压中的谐波成分滤掉,使输

图 7-1 单相小功率直流稳压电源组成框图

出电压 u_o 成为比较平滑的直流电压。

(4) 稳压。当电网电压波动或负载变动时,滤波后的直流电压受其影响而不稳定,稳压电路的作用是输出电压 U_o 基本不受上述因素的影响,成为平滑稳定的直流电。

本章将讨论整流、滤波及稳压这三个环节的具体电路。

7.1.1　单相整流电路

整流电路的作用是将交流电变为直流电,它是利用二极管的单向导电性来实现的。因此,二极管是构成整流电路的核心元件。在小功率(200W 以下)整流电路中,常见的几种整流电路有单向半波整流电路、单相全波整流电路和单相桥式整流电路。

1. 单相半波整流电路

图 7-2(a)所示为单相半波整流电路,由电源变压器、整流二极管 VD、负载 R_L 组成。已知变压器副边电压为 $u_2 = \sqrt{2}\,U_2\sin\omega t$,其工作波形如图 7-2(b)所示。

在 u_2 的正半周,即 A 点为正、B 点为负时,二极管 VD 正偏导通。若忽略二极管的导通压降,则 $u_o = u_2$。在 u_2 的负半周,即 A 点为负、B 点为正时,二极管 VD 反偏截止,则 $u_o = 0$。因此经整流后,负载上得到半个正弦波,故名半波整流。经半波整流电路的输出电压是单向的、大小是变化的,常称为半波整流波。单相半波整流电压的平均值为

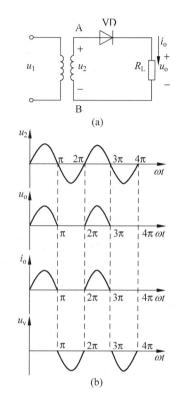

图 7-2　单相半波整流电路及波形图

$$U_o = \frac{1}{2\pi}\int_0^\pi \sqrt{2}\,U_2\sin\omega t\,\mathrm{d}(\omega t)$$

$$= \frac{\sqrt{2}}{\pi}U_2 = 0.45U_2 \qquad (7\text{-}1)$$

流过负载和二极管的平均电流分别为

$$I_o = \frac{U_o}{R_L} = 0.45\,\frac{U_2}{R_L} \qquad\qquad (7\text{-}2)$$

$$I_V = I_o = 0.45\,\frac{U_2}{R_L} \qquad\qquad (7\text{-}3)$$

由图 7-2(a)可见,当二极管反向截止时所承受的最高反向电压就是 u_2 的峰值电压,为

$$U_{VRM} = \sqrt{2}\,U_2 \qquad\qquad (7\text{-}4)$$

实际工作中,应根据 I_V 和 U_{VRM} 的大小选择二极管。为保证二极管可靠的工作,在选择元件参数时应留有适当的余地。

单相半波整流电路虽然结构简单,但效率低,输出电压脉动大,仅适应对直流输出电压平滑程度不高和功率较小的场合,因此很少单独用作直流电源。

2. 单相全波整流电路

图 7-3(a)为电阻性负载单相全波整流电路。图 7-3(b)为电路中电压、电流波形。电路中 T 为带中心抽头的电源变压器,VD_1、VD_2 为整流二极管、R_L 为负载电阻。

图 7-3 单相全波整流电路

(a) 整流电路；(b) 电路中电压电流波形

设输入电压为 $u_{21} = u_{22} = \sqrt{2}U_2\sin\omega t$，当变压器的次级绕组 u_{21} 和 u_{22} 均为上正下负时，VD_1 导通、VD_2 截止；而上负下正时，VD_2 导通、VD_1 截止。可见对应于输入正弦波的正负半周，在负载电阻 R_L 上都有同样大小、同方向的电压输出。

按单相半波整流电路的分析方法，可得输出电压平均值、输出电流平均值为单相半波整流的 2 倍，即

$$U_o = 0.9U_2, \quad I_o = 0.9\frac{U_o}{R_L}$$

二极管中的平均电流值为

$$I_{V1} = \frac{1}{2}I_o = 0.45\frac{U_2}{R_L} \tag{7-5}$$

二极管反向截止时所承受的最高反向电压为

$$U_{VRM} = 2\sqrt{2}U_2 \tag{7-6}$$

单相全波整流电路虽然性能较单相半波整流电路有较大的改善，但二极管的反向电压较大，因此也很少单独用作直流稳压电源。

3. 单相桥式整流电路

单相桥式整流电路如图 7-4(a)所示。由四只二极管连接成"桥"式结构，故名桥式整流电路。图 7-4(b)和(c)分别为其电路的简图和工作波形。

动画：单相桥式整流电路

图 7-4 单相桥式整流电路及工作波形

综合测

一、填空题(每空 1 分,共 20 分)

1. 稳压管是一种特殊的二极管,它工作在_____状态。

2. 在甲类、乙类和甲乙类放大电路中,_____电路效率较高;_____电路交越失真最大;_____电路可以消除交越失真又有较高的效率。

3. 双极型三极管是_____控制器件。当其工作在放大区时,发射极需要加_____偏置,集电极需要加_____偏置。场效应管是_____控制器件。

4. 在双端输入、单端输出的差动放大电路中,发射极公共电阻 R_e 对_____信号的放大作用无影响,对_____信号具有抑制作用。差动放大器的共模抑制比 KCMR=_____。

5. 直接耦合放大电路存在_____现象。

6. 在图 1 所示电路中,要达到以下效果,应该引入什么反馈?

(1)希望提高从 b1 端看进去的输入电阻,接 R_f 从_____到_____。

(2)希望输出端接负载 R_L 后,U_o(在给定 U_i 情况下的交流电压有效值)基本不变,接 R_f 从_____到_____。(用字母 A~F 表示连接点)

7. 如图 2 所示的功率放大电路处于_____类工作状态,其静态损耗为_____,电路的最大输出功率为_____,每个晶体管的管耗为最大输出功率的_____倍。

图 1　　　　　　　　　　图 2

二、判断题(用"×"或"√"表示判断结果。每小题 1 分,共 10 分)

1. 在运算电路中,同相输入端和反相输入端均为"虚地"。　　　　(　　)

4. 读图并按要求完成。

(1) 判断图 6 电路中整体反馈的反馈组态,求 $\dot{U}_\mathrm{O}$ 的表达式。请写出步骤,并化简。(7 分)

图 6

(2) 运算电路如图 7 所示,设各集成运放均具有理想特性,试求各电路输出电压 u_o 的大小或表达式。请写出步骤,否则结果出错不能得分。(10 分)

(a)   (b)

图 7

5. 试从市电电源出发,设计一套 5V 直流稳压电源,画出主要结构图,并标明各环节的功能及电压波形图。(8 分)

(a)   (b)

图　3

2. 在图 4 所示电路中,D 为理想元件,已知 $u_i = 5\sin\omega t$（V）,试对应 u_i 画出 u_o 的波形图。（10 分）

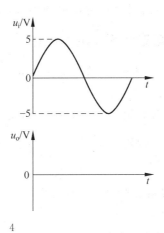

图　4

3. 在图 5 所示电路中,$\beta = 30$,$r_{be} = 1\text{k}\Omega$,$R_b = 300\text{k}\Omega$,$R_c = R_L = 5\text{k}\Omega$,$R_e = 2\text{k}\Omega$,$U_{BE} = 0.7\text{V}$,$V_{CC} = 24\text{V}$。（15 分）

（1）计算电路的静态工作点。

（2）画出该电路的微变等效电路。

（3）计算 A_u、R_i、R_o。

图　5

2．电压负反馈稳定输出电压,电流负反馈稳定输出电流。 （　　）

3．使输入量减小的反馈是负反馈,否则为正反馈。 （　　）

4．产生零点漂移的原因主要是晶体管参数受温度的影响。 （　　）

5．利用两只 NPN 型管构成的复合管只能等效为 NPN 型管。 （　　）

6．本征半导体温度升高后,两种载流子的浓度仍然相等。 （　　）

7．未加外部电压时,PN 结中电流从 P 区流向 N 区。 （　　）

8．集成运放在开环情况下一定工作在非线性区。 （　　）

9．只要引入正反馈,电路就会产生正弦波振荡。 （　　）

10．直流稳压电源中的滤波电路是低通滤波电路。 （　　）

三、选择题(每空 1 分,共 10 分)

1．为了减小输出电阻,应在放大电路中引入_____；为了稳定静态工作点,应在放大电路中引入_____。

　　A．电流负反馈　　　B．电压负反馈　　　C．直流负反馈　　　D．交流负反馈

2．RC 串并联网络在 $f = f_0 = \dfrac{1}{2\pi RC}$ 时呈_____。

　　A．感性　　　　　　B．阻性　　　　　　C．容性　　　　　　D．不定

3．通用型集成运放的输入级多采用_____。

　　A．共基接法　　　　B．共集接法　　　　C．共射接法　　　　D．差分接法

4．两个 β 相同的晶体管组成复合管后,其电流放大系数约为_____。

　　A．β　　　　　　　B．β^2　　　　　　　C．2β　　　　　　　D．$1+\beta$

5．在下列三种电路中,输出电阻最小的电路是_____；既能放大电流,又能放大电压的电路是_____。

　　A．共基放大电路　　　B．共集放大电路　　　C．共射放大电路

6．当 NPN 型晶体管工作在放大区时,各极电位的关系为 u_c _____ u_b _____ u_e。

　　A．＞　　　　　　　　B．＜　　　　　　　　C．＝　　　　　　　　D．≤

7．硅二极管的正向导通压降比锗二极管的_____。

　　A．大　　　　　　　　B．小　　　　　　　　C．相等

四、综合题(共 5 小题,60 分)

1．在图 3 所示的电路中,二极管为理想二极管(正向导通电压为 0.7V),请判断其是否导通,并求出 u_o。(每图 5 分,共 10 分)

一、填空题（每小题 3 分，共 39 分）

1. PN 结由_____运动而形成，具有_____特性。

2. 双极型三极管是_____控制器件。当其工作在饱和区时，发射极需要加_____偏置，集电极需要加_____偏置。

3. 多级放大器的极间耦合形式有三种，分别是_____耦合、_____耦合和_____耦合。

4. 直接耦合多级放大电路存在的主要问题是_____，常采用_____来消除。

5. 理想集成运放的条件是_____，其处于线性工作区的结论是_____。

6. 射极输出器具有_____恒小于 1、接近于 1，并具有_____高和_____低的特点。

7. 串联型稳压电路由_____四个环节组成。

8. 测得三极管的电流大小、方向如图 1 所示，试在图中标出各引脚，并确定管子的类型。

9. 乙类 OCL 功率放大电路会产生_____失真，可用_____电路消除。

10. 放大电路若要稳定输出电流、增大输入电阻，应引入_____负反馈。

11. 产生稳定的正弦波信号电路组成有_____。

12. 场效应管是_____控制器件，可分为_____两种类型。

13. 负反馈的作用有_____。

图　1

二、综合题（共 7 小题，61 分）

1. 如图 2 所示，已知 $E=5\text{V}$，$u_i=10\sin\omega t\,(\text{V})$，试画出输出电压 u_o 的波形，并指出二极管导通、截止的条件。二极管的正向导通电压降可忽略不计。（6 分）

图　2

6. 在如图 6 所示电路中,已知电阻 $R_f = 4R_1$,输入电压 $U_i = 10\text{mV}$,求输出电压 U_o,并指出第一级放大电路的类型。(10 分)

图　6

7. 电路如图 7 所示,$u_1 = 1\text{V}$,$u_2 = 2\text{V}$,求 u_o 的值。(10 分)

图　7

（3）估算电压放大倍数、输入电阻和输出电阻。

（4）如果 C_e 断开,对电压放大倍数、输入电阻和输出电阻有何影响？（增大、减小或不变）

5. 整流滤波电路如图 5 所示。已知 $U_2 = 20\text{V}$, $R_L = 50\Omega$, $C = 1000\mu\text{F}$,现用直流电压表测量输出电压,问下列几种情况时,其 U_o 各为多大？（12 分）

（1）正常工作时, $U_o = $ _____。

（2） R_L 断开时, $U_o = $ _____。

（3） C 断开时, $U_o = $ _____。

（4）有一个二极管因虚焊而断开时, $U_o = $ _____。

图　5

2. 放大电路中为何设立静态工作点？静态工作点的高、低对电路有何影响？（5分）

3. 判断图3所示电路的级间反馈极性及反馈类型,并在图中标出。（6分）

图　3

4. 在如图4所示的分压式偏置放大电路中,$\beta=60$,$U_{BEQ}=0.7V$,试求：（12分）

图　4

（1）估算放大器的静态工作点。

（2）画出微变等效电路。

桥式整流电路的工作原理如下：u_2 为正半周时，即 A 点为正，B 点为负，二极管 VD_1、VD_3 承受正向电压而导通；二极管 VD_2、VD_4 承受反向电压而截止。电流回路为：$A \rightarrow VD_1 \rightarrow R_L \rightarrow VD_3 \rightarrow B$，在 R_L 上得到上正下负的半波整流电压。u_2 为负半周时，即 B 点为正，A 点为负，此时 VD_2、VD_4 承受正向电压而导通；VD_1、VD_3 承受反向电压而截止。电流回路为：$B \rightarrow VD_2 \rightarrow R_L \rightarrow VD_4 \rightarrow A$，$R_L$ 上仍为上正下负的半波整流电压。

单相桥式整流电压的平均值为

$$U_o = \frac{1}{\pi} \int_0^\pi \sqrt{2} U_2 \sin \omega t \, \mathrm{d}(\omega t) = 2\frac{\sqrt{2}}{\pi} U_2 = 0.9 U_2 \qquad (7\text{-}7)$$

流过负载的平均电流为

$$I_o = \frac{U_o}{R_L} = 0.9 \frac{U_2}{R_L} \qquad (7\text{-}8)$$

因二极管轮流导通，流经每个二极管的平均电流为负载电流的一半，即

$$I_V = \frac{1}{2} I_o = 0.45 \frac{U_2}{R_L} \qquad (7\text{-}9)$$

每个二极管在截止时承受的最高反向电压为 u_2 的最大值，即

$$U_{VRM} = \sqrt{2} U_2 \qquad (7\text{-}10)$$

单相桥式整流电路输出全波整流，因此克服了半波整流的缺点，提高了变压器的利用率，得到了广泛的应用。近年来，桥整流的组合件（又名硅桥堆）被普遍应用。它利用半导体工艺，将四个二极管集中制作在一块硅片上，共有四个引出端，其中两个引出端接交流电源，另外两端接负载。图 7-5 为硅桥堆整流器外形。

图 7-5　硅桥堆整流器外形

【例 7-1】　有一 100Ω 的负载，需用 20V 的直流电源供电，试在下列两种情况下选择二极管。①采用单相半波整流电路；②采用单相桥式整流电路。

解　(1) 采用单相半波整流电路

$$U_2 = \frac{U_o}{0.45} = \frac{20}{0.45} = 44.4 \, (\text{V})$$

$$I_V = I_o = \frac{U_o}{R_L} = \frac{20}{100} = 0.2 \, (\text{A})$$

$$U_{VRM} = \sqrt{2} U_2 = 62.8 \, (\text{V})$$

根据 I_V、U_{VRM} 值查手册，应选用 2CZ53C 型整流二极管，其最大整流电流为 0.3A，最高反向工作电压为 100V。

(2) 采用单相桥式整流电路

$$U_2 = \frac{U_o}{0.9} = \frac{20}{0.9} = 22.2 \, (\text{V})$$

$$I_V = \frac{1}{2} I_o = \frac{1}{2} \frac{U_o}{R_L} = 0.1 \, (\text{A})$$

$$U_{VRM} = \sqrt{2} U_2 = 31.4 \, (\text{V})$$

根据 I_V、U_{VRM} 值查手册,应选用 2CZ53B 型整流二极管,其最大整流电流为 0.3A,最高反向工作电压为 50V。

7.1.2 滤波电路

虽然前述整流电路的输出电压方向不变,但仍然是大小变化的脉动电压,含有较大的交流成分。在某些设备,例如蓄电池充电、电镀中,可以直接应用,但对许多要求较高的直流用电装置,则不能满足要求。为获得平滑的输出电压,需滤去其中的交流成分,保留直流成分,此即为滤波。常用的滤波元件有电容和电感,滤波电路有电容滤波、电感滤波及 π 型滤波等电路,其中以电容滤波最为常见。

图 7-6(a)所示为半波整流电容滤波电路,滤波电容 C 与负载并联。图 7-6(b)为其工作波形。

图 7-6 半波整流电容滤波电路及工作波形

设电容的初始电压为零,接通电源时,u_2 由零开始上升,二极管导通,电容被充电,若忽略二极管导通压降,则 $u_C = u_o \approx u_2$,u_o 随电源电压 u_2 同步上升。由于充电时间常数

图 7-7 桥式整流电容滤波电路
及工作波形

很小,所以充电很快。当 $\omega t = \pi/2$ 时,$u_o = u_C = \sqrt{2}U_2$。之后 u_2 开始下降,其值小于电容电压。此时,二极管 VD 截止,电容 C 经负载 R_L 放电,u_C 开始下降,由于放电时间常数很大,放电速度很慢,可持续到第二个周期的正半周来到时。当 $u_2 > u_C$ 时,二极管又因正偏而导通,电容器 C 再次被充电,重复第一周期的过程。

桥式整流电容滤波电路与半波整流电容滤波电路的工作原理一样,不同之处在于,在 u_2 的一个周期里,电路中总有二极管导通,电容 C 经历两次充放电过程,因此输出电压更加平滑。其原理电路和工作波形分别如图 7-7(a)、(b)所示。

电容 C 放电的快慢取决于时间常数($\tau = R_L C$)的大小,时间常数越大,电容 C 放电越慢,输出电压的波形就越平稳。为了获得较平稳的输出电压,选择电容时一般要求

$$R_L C \geqslant (3 \sim 5)\frac{T}{2} \quad (桥式) \tag{7-11}$$

$$R_L C \geqslant (3 \sim 5)T \quad （半波） \tag{7-12}$$

式中，T 为交流电压的周期。

此外，当负载开路时，电容承受 u_2 峰值电压，因此电容的耐压值取 $(1.5 \sim 2)U_2$。

电容滤波后输出电压的平均值一般按以下经验公式估算：

$$U_o = U_2 \quad （半波） \tag{7-13}$$

$$U_o = 1.2 U_2 \quad （桥式） \tag{7-14}$$

滤波电容 C 一般选择容量较大的电解电容器，使用时应注意它的极性，如果接反会造成损坏。加入滤波电容以后，二极管导通时间缩短，且在短时间内承受较大的冲击电流。为了保证二极管的安全，选择二极管时应放宽余量。

总之，电容滤波电路简单，输出电压较高，输出脉动较小，缺点是整流管承受的冲击电流大，当负载 R_L 较小且变动较大时，输出性能差。因此，这种电路用于要求输出电压较高、负载电流小且变动不大的场合。

【例 7-2】 设计一单相桥式整流、电容滤波电路，要求输出电压 $U_o = 48\text{V}$。已知负载电阻 $R_L = 100\Omega$，电源频率为 50Hz，试选择整流二极管和滤波电容器。

解 （1）整流二极管的选择

流过整流二极管的平均电流

$$I_V = \frac{1}{2}I_o = \frac{1}{2} \cdot \frac{U_o}{R_L} = \frac{1}{2} \times \frac{48}{100} = 0.24(\text{A}) = 240(\text{mA})$$

变压器副边电压有效值

$$U_2 = \frac{U_o}{1.2} = \frac{48}{1.2} = 40(\text{V})$$

整流二极管承受的最高反向电压

$$U_{VRM} = \sqrt{2}U_2 = 1.41 \times 40 = 56.4(\text{V})$$

因此可选择 2CZ11B 型整流二极管，其最大整流电流为 1A，最高反向工作电压为 200V。

（2）滤波电容的选择

取 $\tau = R_L C = 5 \times \dfrac{T}{2} = 5 \times \dfrac{0.02}{2} = 0.05(\text{s})$，则

$$C = \frac{\tau}{R_L} = \frac{0.05}{100} = 500 \times 10^{-6}(\text{F}) = 500(\mu\text{F})$$

电容的耐压值为

$$(1.5 \sim 2)U_2 = (1.5 \sim 2) \times 40 = 60 \sim 80(\text{V})$$

应选用 $500\mu\text{F}/100\text{V}$ 的电解电容。

7.1.3　稳压电路及稳压电源的性能指标

经整流滤波电路获得的直流电压往往是不稳定的，当电网电压波动或负载电流变化时，都会引起直流电压的波动。因此，需增加稳压环节。

1. 电路组成

由硅稳压管组成的稳压电路如图 7-8 所示。硅稳压管 V_Z 与负载 R_L 并联，因此也称为

图 7-8　硅稳压管稳压电路

并联型稳压电路,图中 R 为限流电阻,V_Z 工作在反向击穿区,U_I 为整流滤波后的输出电压。

2. 稳压原理

若电网电压升高,整流滤波电路的输出电压 U_I、负载电压 U_o 以及稳压管电压也随之升高。因此,流过稳压管的电流 I_Z 就急剧增加,并引起 I_R 的增大,导致限流电阻 R 上的电压降增大。由式 $U_o=U_Z=U_I-I_R R$ 可知,$I_R R$ 的增大可以抵消 U_I 的升高,从而保持负载电压 U_o 基本不变。其稳压过程如下:

$$U_I\uparrow \to U_o\uparrow \to I_Z\uparrow \to I_R\uparrow \to U_R\uparrow \to U_o\downarrow$$

若 U_I 不变而负载电流减小,输出电压 U_o 将减小,稳压管中的电流 I_Z 就急剧减小,使得 I_R 也减小,则限流电阻 R 上的压降减小,从而使输出电压 U_o 上升。其稳压过程如下:

$$I_o\downarrow \to U_o\downarrow \to I_Z\downarrow \to I_R\downarrow \to U_R\downarrow \to U_o\uparrow$$

反之,若电网电压降低或负载电流增大,其稳压过程与上述相反,但输出电压 U_o 仍保持不变,读者可自行分析。

综上所述,稳压管在稳压电路中起着电流自动调节的作用,而限流电阻则起着电压调整作用。稳压管的动态电阻越小,限流电阻越大,输出电压的稳定性越好,但输出电压不能调节。

7.2　串联反馈式稳压电路

硅稳压管稳压电路在负载电流较小时稳压效果较好,但存在两个问题:一是输出电压由稳压管的稳定电压决定,不能随意调节;二是因受稳压管最大稳定电流的限制,负载电流变化范围不大。为此可采用串联反馈型稳压电路。

7.2.1　串联反馈式稳压电路的组成及工作原理

1. 稳压电路

图 7-9 所示为串联反馈式稳压电路,它由四个部分组成。

图 7-9　串联反馈型稳压电路

(1) 取样电路,由 R_1、R_P 和 R_2 组成。取样电路的作用是,当输出电压发生变化时,取出其中的一部分送到比较放大管 VT_2 的基极。

（2）基准电压电路，由稳压管 VD_Z 与限流电阻 R_3 组成。它的作用是，为电路提供基准电压。

（3）比较放大电路，由 VT_2 和 R_4 组成。其作用是，放大取样电压与基准电压之差，并通过 VT_2 集电极电位（也为 VT_1 基极电位）控制调整管工作。

（4）调整管，由功率管 VT_1 组成。其作用是，根据比较电路输出，调节集、射间电压，从而达到自动稳定输出电压的目的。电路中因调整管与负载串联，$U_o = U_I - U_{CE1}$，故名串联型稳压电路，图 7-10 为其组成框图。

图 7-10　串联型稳压电路组成框图

2. 稳压原理

当电网电压波动或负载电流变化导致输出电压 U_o 增加时，通过取样电阻的分压作用，VT_2 的基极电位 U_{B2} 随之升高，而发射极电位 U_{E2} 不变，因此 U_{BE2} 增大，集电极电位 U_{C2} 降低。此时，调整管 VT_1 因基极电压降低，管压降 U_{CE1} 增大，使输出电压 U_o 下降，从而保证了 U_o 基本不变。其稳压过程如下：

$$U_I \uparrow \;\to\; U_o \uparrow \;\to\; U_{B2} \uparrow \xrightarrow{U_{E2}\ 不变} U_{BE2} \uparrow \;\to\; U_{C2} \downarrow (U_{B1} \downarrow) \;\to\; U_{CE1} \uparrow \;\to\; U_o \downarrow$$

反之，当输入电压降低或负载电流变化而引起输出电压降低时，其稳压原理与以上相似，这里不再叙述。

由此可见，串联型稳压电路实质上是通过电压负反馈使输出电压维持稳定的。

3. 输出电压

由图 7-9 可知

$$U_{B2} = U_Z + U_{BE2} = U_o \frac{R_2 + R_P''}{R_1 + R_P + R_2}$$

$$U_o = \frac{R_1 + R_P + R_2}{R_2 + R_P''}(U_Z + U_{BE2}) \tag{7-15}$$

当 R_P 调到最上端时，输出电压为最小值，

$$U_{omin} = \frac{R_1 + R_P + R_2}{R_2 + R_P}(U_Z + U_{BE2})$$

当 R_P 调到最下端时，输出电压为最大值，

$$U_{omax} = \frac{R_1 + R_P + R_2}{R_2}(U_Z + U_{BE2})$$

以上电路中，若将比较放大管 VT_2 改为集成运放 A，则构成了由集成运放构成的串联型稳压电路，图 7-11 所示为其原理电路，读者可自行分析其工作原理。

图 7-11　集成运放构成的串联型稳压电路

7.2.2　三端集成稳压器

　　集成稳压器是将调整电路、取样电路、基准电路、比较放大及保护电路等,利用半导体工艺制成的单片集成器件,其特点是体积小、稳定性好,已逐步代替了分立元件组成的稳压电路。三端式集成稳压器只有三个引出端,分别是输入端、输出端和公共端。根据输出电压是否可调,三端式集成稳压器又可分为三端固定式和三端可调式两大类。

1. 三端固定式集成稳压器

　　三端固定式集成稳压器的输出电压固定不变,可以输出正电压、负电压两种。其中 CW78×× 系列输出正电压,CW79×× 系列输出负电压,电压等级分别为 5V、6V、9V、12V、15V、24V 等多种。它们型号中的后两位数字即表示输出电压值,例如 CW7805 型,则表示输出电压为 +5V。图 7-12 所示为 CW78×× 系列三端固定式集成稳压器的外形图,它的三个引出端分别为输入端 1、输出端 2 和公共端 3。

图 7-12　三端固定式集成稳压器的外形

　　图 7-13(a)所示为输出正电压的基本电路,正常工作时,输入、输出电压差应大于 2～3V。电路中电容 C_1 用来旁路高频干扰信号,C_2 是用来改善负载瞬态响应。图 7-13(b)所示为由两组稳压器组成的正、负电压输出电路。

(a)　　　　　　　　　　(b)

图 7-13　三端固定式集成稳压器构成的基本电路

2. 三端可调式集成稳压器

　　三端可调式集成稳压器的外形与三端固定式稳压器相似,也有正、负电源两种输出类型,型号分别为 CW317 和 CW337,其三个引出端分别为输入端 2、输出端 3 和调整端 1。图 7-14 所示为三端可调式正电压输出的稳压电路,输入电压范围为 2～40V,输出电压可在 1.25～37V 之间调整。图中 U_I 为整流滤波后的电压,R_1、R_P 是用来调整输出电压。

若忽略调整端的电流(调整端电流很小,约为 $50\mu A$),

则 R_1 与 R_P 近似为串联,输出电压可用下式表示

$$U_O \approx \left(1 + \frac{R_P}{R_1}\right) \times 1.25 \qquad (7\text{-}16)$$

式中,1.25V 是集成稳压器调整端与输出端之间的电压,为恒定值。这样,只要调节 R_P 值,就可以改变输出电压的大小。

图 7-14　三端可调式集成稳压电路

7.3　开关式直流稳压电源

串联型稳压电源的调整管工作在线性区,管压降大流过的电流也大(大于负载电流),所以管耗大、效率低(40%～60%),且需要较大的散热装置。为了克服上述缺点和提高输出电压范围,可采用开关稳压电源。

7.3.1　开关稳压电源的特点

(1) 管耗小,效率高。这就是开关稳压电源的突出优点。调整管工作在开关状态,即调整管工作在饱和和截止状态两种状态。饱和时 U_{CE} 趋近于 0V,截止时 I_C 趋近于 0A,故管耗很小,电源效率可提高到 80%～90%。

(2) 稳压范围宽。交流额定电压为 220V 的稳压电源,当输入电压从 130～260V 的变化时,都有良好的输出,输出电压变化一般可小于 2%。

(3) 滤波电容容量小。开关式稳压电源中,开关管的开关频率一般为 20Hz 左右,滤波电容的容量可相对减小。

此外,还可以省去电源变压器,因而整个电源的体积小、重量轻、成本低、可靠性和稳定性高,易加各种保护性电路。所以目前广泛应用在计算机、通信及音像设备中。

7.3.2　开关电路的工作原理

1. 工作原理

开关稳压电路就是把串联型稳压电路的调整管由线性工作状态改为开关工作状态,其工作原理如图 7-15 所示。

图 7-15　开关稳压电路工作原理图

(a) 电路图;(b) 波形图

图 7-15(a)中 S 是一个周期性导通和截止的开关,则在输出端可得到一个矩形脉冲的电压,如图 7-15(b)所示,设闭合时间为 T_{on},断开时间为 T_{off},则工作周期为 $T = T_{on} + T_{off}$。负载上得到的平均电压为

$$U_O = \frac{U_I \times T_{on} + 0 \times T_{off}}{T_{on} + T_{off}} = \frac{T_{on}}{T} \times U_I \qquad (7\text{-}17)$$

式中,T_{on}/T 称占空比,用 δ 表示,即在一个通断的周期 T 内,脉冲持续导通时间 T_{on} 与周期 T 之比值。改变占空比的大小就可改变输出电压 U_O 的大小。

2. 串联型与并联型开关稳压电路

串联型开关的电路如图 7-16(a)所示。串联型开关电路由开关管 VT、储能器(包括电感 L、电容 C 和续流二极管 VD)即控制器组成。控制器可使 VT 处于开/关状态并可稳定电压。当 VT 饱和导通时,由于电感 L 的存在,流过 VT 的电流线性增加,线性增加的电流给负载 R_L 供电的同时也能让 L 储能(L 上产生左"正"右"负"的感应电动势),VD 截止。

当 VT 截止时,由于电感 L 中的电流不能突变(L 中产生左"负"右"正"的感应电动势),VD 导通,于是存储在电感上的能量逐渐释放并提供给负载,使负载继续有电流通过,因而 VD 为续流二极管。电容 C 起滤波作用,当电感 L 中电流逐渐增大或减小时,电容存储过剩电荷或补充负载中缺少的电荷,从而减少输出电压 U_O 的波纹。

通过上面分析可以归纳出开关稳压电源的工作原理。调整管导通期间,储能电感储能并由储能电容向负载供电;调整管截止期间,储能电感释放

(a)

(b)

图 7-16 开关稳压电路
(a)串联型;(b)并联型

能量对储能电容充电,同时向负载供电。这两个元件还同时具有滤波作用,使输出电压的波形平滑。

如果将储能电感 L 和续流二极管 VD 的位置互换,使储能电感 L 与输入电压 U_I 和负载 R_L 并联,就构成了并联型开关稳压电,如图 7-16(b)所示。它的工作原理与串联型稳压电路基本一致。

控制器是开关电源的一个重要组成部分,在图 7-17 所示的串联型开关稳压电路中,R_1 和 R_2 组成取样电路,A 为误差放大器,B 为电压比较器,它们与基准电压源、三角波发生器组成开关调整管的控制电路。误差放大器对来自输出端的取样电压 u_F 与基准电压 U_{REF} 的差值进行放大,其输出电压 u_A 送到电压比较器 B 的同相输入端。三角波发生器产生一频率固定的三角波电压 u_T,它决定了电源的开关频率。u_T 送至电压比较器 B 的反相输入端与 u_A 进行比较,当 $u_A > u_T$ 时,电压比较器 B 输出电压 u_B 为高电平;当 $u_A < u_T$ 时,电压比较器 B 输出电压 u_B 为低电平,u_B 控制开关调整管 VT 的导通和截止。u_A、u_T、u_B、u_E 的波形如图 7-18 所示。

电压比较器 B 输出电压 u_B 为高电平时,调整管 VT 饱和导通,若忽略饱和压降,则 VT 导通期间 $u_E \approx U_I$。

图 7-17　典型的串联型开关稳压电路

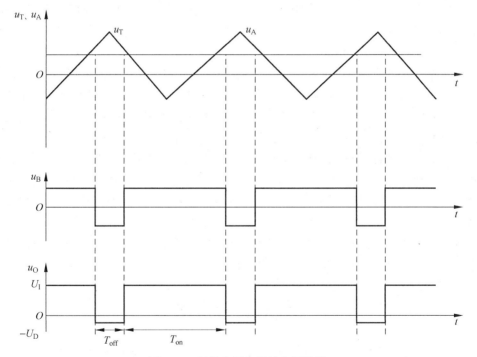

图 7-18　开关稳压电源的电压波形

3. 调宽与调频式开关稳压电路

开关式稳压电路是通过自动调节控制器的脉冲宽度改变占空比,即改变单位时间内开关管(调整管)的导通时间来实现稳压的。调整脉冲宽度的方法有两种,一种是调宽的方法,另一种是调频的方法。

(1) 调宽式是在开关周期一定的情况下,改变断开时间 T_{off} 来改变占空比,以获得所需的输出电压。

(2) 调频式是在断开时间 T_{off} 一定的情况下,改变开关周期来改变占空比。

(3) 自激式与他激式开关稳压电路。

开关电源按启动方式不同,可分为自激式与他激式两种。自激式开关稳压电路是利用开关管、储能元件等构成一个自激振荡器,来完成电源的启动,使开关稳压电源有直流电压输出。他激式开关稳压电路必须附加一个振荡器,利用振荡器的开关脉冲去触发开关管,完成电源启动。

本 章 小 结

直流稳压电路的作用是将交流电转换为平滑稳定的直流电,一般由电源变压器、整流电路、滤波电路和稳压电路四部分组成。

(1) 电源变压器是将电源电压变换成整流电路输入所要求的电压值。

(2) 整流电路是利用二极管的单向导电性将交流电转变为脉动的直流电压。单相桥式整流电路是小功率(一般小于 1kW)整流电路中应用较多的一种,变压器利用率高,输出脉动小。对于要求整流功率要求较大的或要求输出电压脉动更小的场合,则可采用三相整流电路。

(3) 滤波电路是利用电抗元件电容、电感的储能作用来减小整流电压的脉动程度,可组成电容滤波、电感滤波及电容电感 π 型滤波。各种滤波电路具有不同特点,适用于不同场合。电容滤波适用于负载电流较小的场合,电感滤波适用于负载变动频繁且电流比较大的场合,而 π 型滤波则适用于对滤波要求较高的场合。

(4) 稳压电路的作用是保持输出直流电压的稳定,使它基本上不受电网电压、负载和环境温度变化的影响。稳压二极管可组成简单的稳压电路,在输出电流不大、输出电压固定、稳定性要求不高的场合应用较多。串联型稳压电路输出电压稳定性较高,且输出电压可调。

集成稳压器具有体积小、重量轻、安装调试方便、可靠性高等优点,是稳压电路的发展方向,当前国内外生产的系列产品已广泛采用。

本 章 能 力 模 块

通过本章学习,学生应了解直流稳压电路的作用、组成。理解整流、滤波、稳压的含义及实验参数测试。掌握串联反馈式稳压电路的组成,熟悉三端集成稳压器的引脚功能,应用实物模型及实验测试。掌握开关式直流稳压电源的特点、组成。

同时应掌握直流稳压电路实践操作环节。掌握常用电子仪器仪表的使用方法,即低频信号发生器、毫伏表及示波器等使用。

操作上要能按图正确接线;能分析排除一般性故障;能正确读取实验数据;能对实验数据进行分析处理并得出相应结论等。

本章建议所做的实验为直流稳压电源实验。通过实验进一步理解单相桥式整流、电容滤波电路的特性。掌握串联型集成稳压器应用方法。

习　　题

7.1　判断题。

(1) 整流电路可将正弦电压变为脉动的直流电压。　　　　　　　　　　　　(　)

(2) 在电容滤波电路中,电容应串联在负载电路中。　　　　　　　　　　　(　)

(3) 在单相桥式整流电容滤波电路中,若有一只整流管断开,输出电压平均值将变为原来的一半。　　　　　　　　　　　　　　　　　　　　　　　　　　　(　)

(4) 线性直流稳压电源中的调整管工作在饱和状态。　　　　　　　　　　　(　)

(5) 因为串联型稳压电路中引入了深度负反馈,因此输出电压更加稳定。　　(　)

(6) 在稳压管稳压电路中,稳压管的最大稳定电流必须大于最大负载电流。　(　)

7.2　选择题。

(1) 整流的目的是(　 　)。

　　A. 将交流变为直流　　　B. 将高频变为低频　　　C. 将正弦波变为方波

(2) 在单相桥式整流电路中,若有一只整流管接反,则(　 　)。

　　A. 输出电压约为 $2U_V$　　B. 变为半波整流　　　C. 整流管将因电流过大而烧坏

(3) 直流稳压电源中滤波电路的目的是(　 　)。

　　A. 将交流变为直流

　　B. 将高频变为低频

　　C. 将整流输出电压中的交流成分滤掉

(4) 串联型稳压电源电路中的放大环节所放大的对象是(　 　)。

　　A. 基准电压　　　　　　B. 采样电压　　　　　　C. 基准电压与采样电压之差

7.3　电路如图 7-19 所示,变压器副边电压有效值为 $2U_2$。

图 7-19　习题 7.3 图

要求:

(1) 画出 u_2、u_{VD1} 和 u_o 的波形。

(2) 写出输出电压平均值和输出电流平均值的表达式。

(3) 写出二极管的平均电流和所承受的最大反向电压的表达式。

7.4   在图 7-3(a)所示的单相桥式整流电路中,已知 $R_L=125\Omega$,直流输出电压为 110V,试估算电源变压器副边电压的有效值,并选择整流二极管的型号。

7.5   今要求直流输出电压为 24V,电流为 400mA,采用单相桥式整流电容滤波电路,已知电源频率为 50Hz,试选用二极管的型号及合适的滤波电容。

7.6   整流滤波电路如图 7-6(a)所示,已知 $U_2=20V$,$R_L=47\Omega$,$C=1000\mu F$,现用直流电压表测量输出电压,则

(1) 正常工作时,$U_o=$ _____ 。

(2) R_L 断开时,$U_o=$ _____ 。

(3) C 断开时,$U_o=$ _____ 。

(4) 有一个二极管因虚焊而断开时,$U_o=$ _____ 。

7.7   元件排列如图 7-20 所示。试合理连线,使构成直流稳压电源电路。画出电源的原理框图,试说明它的简单工作原理。

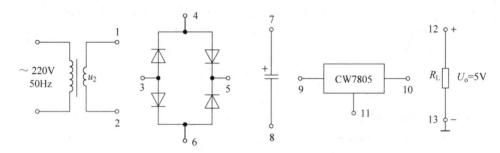

图 7-20   习题 7.7 图

7.8   利用三端集成稳压器 CW7805 可以接成图 7-21 所示扩展输出电压的可调电路,试求该电路输出电压的调节范围。

图 7-21   习题 7.8 图

7.9   由集成稳压器 CW7812 组成的稳压电源如图 7-22 所示,试求输出端 A、B 对地的电压 U_a 和 U_b 并标出电容 C_1、C_2 的极性。

7.10   图 7-23 为三端集成稳压器的应用电路,图 7-23(a)为提高输出电压的用法,图 7-23(b)为提高输入电压的用法,试说明其工作原理。

图 7-22　习题 7.9 图

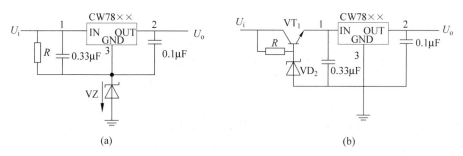

(a)　　　　　　　　　　　　　　　(b)

图 7-23　习题 7.10 图

第**8**章

模拟电子电路的读图

在电子产品的设计、维修、改进工作中,常常是先研究它的电路原理图。只有对它的电路图有了正确理解之后,才能提出相应方案,开展一系列的技术工作。因此,电子读图不仅是电子技术中一项基本的要求,而且是每个从事电子技术工作人员必要的基本技能。

读图的过程是综合运用知识的过程,也是分析问题、解决问题的过程。要熟练地阅读电子电路,首先要正确理解各种基本电路的组成及工作原理;其次要掌握电路的结构规律和分析方法。初学者见到实际电路图往往会感到错综复杂、无从下手。这主要是缺乏综合运用知识的能力和缺乏读图练习。因此,经过反复的练习和实践经验的积累,读图能力一定会得到逐步的提高。

8.1 电子技术电路读图的一般方法

电子电路图是以图形符号表示实际器件、以连线表示导线所形成的一个具有特性、功能和用途的电子线路原理图。电子电路图主要包括两部分内容,一是该电路是由哪些元件所组成的,它们的型号和参数是什么;二是该电路具有哪些功能及其性能指标。

电子电路读图的一般步骤如下。

1. 了解电路的用途和功能

读图时,首先应当了解该电路(或电气设备)的用途、电路的功能、工作原理、指标估算等。这样才能明白电路的设计思想、总体结构;才能把电路与已经学过的基本电路联系起来;才能运用已经掌握了的理论知识和方法去分析和理解要阅读的电路。

2. 由浅入深、由表及里地逐步分析

任何复杂的电路,都是由简单的基本电路阻成的。在模拟电子电路中,电路的结构有其规律性。一般都可以分为输入电路、中间电路、输出电路、电源电路、附属电路等几大部分。每一部分又可以分解为几个基本的单元电路。可以用方框图的方法对整机电路进行分解,把电路分解为几个组成方块,画出它们之间的联系。有些细节一时不能理解,可留待后面仔细研究。

沿着信号的主要通路,将总电路划分为若干个单一功能电路,然后对每一个单元电路进行分析,了解各个元件和部件的作用、性能、特点以及该单元电路的功能。

(1) 沿着通路,画出框图

沿着信号的流向,将各功能块用相应的框图表示,作出电路的总框图;同时简要表达各基本单元电路或功能块之间的相互联系以及总电路的结构和功能。

(2) 定量估算,了解指标

如若需要,可对电路各部分的性能指标进行定量计算,以便掌握整个电路的技术要求,为调试和维护电路打下基础。

3. 整体分析

将各单元电路的功能进行综合,找出它们之间的分工和联系,从整体电路的输入端到输出端,分析信号在各级电路中的传递和变化,从而在整体上掌握电路的功能和工作原理。

在实际的电路中,各个部分之间的联系往往比较复杂,尤其是存在着复杂的连接和各种功能转换,使人眼花缭乱。这也是读图的难点和关键。可以采用简化的方法,即先找出主要的联系和主要的转换方式,或者先找出一种工作状态下电路之间的联系,进行分析,以此类推,问题就迎刃而解。同时,要查阅有关资料文献,应用对比分析的方法去弄懂各部分的原理,要不断地扩充和更新自己的理论知识,积累经验,不断地提高电路的阅读能力。

8.2 电子电路读图示例

1. 音频放大电路

图 8-1(a)~(e)所示为带音调控制的音频放大器,可以将收音机、录音机和其他音响设备输出的音频信号进行放大,以获得较大的输出功率来推动扬声器工作。此外,该电路还可以对信号中的高、低频成分进行控制,对音量大小进行调节。

根据信号从左到右的传输方向,以耦合电容 C_4 和 C_{11} 为界,可以将电路分成三个部分,即输入级、中间级和输出级,在图 8-1(a)所示电路中已用虚线分隔。

(1) 输入级。输入级的电路如图 8-1(b)所示,由结型场效应管 T_1 组成的源极跟随器构成。其主要特点是输入阻抗高、输出阻抗低,因此可用来实现阻抗变换,以满足中间级音调控制电路的低阻抗要求。该级的输出信号经 C_3 耦合到音量调节电位器 R_{P1} 上,以调节输入到下一级的信号的大小,达到调节音量大小的目的。

(2) 中间级。中间级电路如图 8-1(c)所示,由 $R_3 \sim R_6$、$C_5 \sim C_7$、R_{P2}、R_{P3} 等 RC 选频网络和集成运放 A_1 组成的负反馈音调控制电路构成。其作用是通过控制高、低频信号的放大倍数来调节高、低音信号。

(3) 输出级。输出级如图 8-1(d)所示,由集成运放 A_2、三极管 $VT_2 \sim VT_5$、二极管 $VD_1 \sim VD_3$ 组成。A_2 为前置放大电路,用作驱动级;$VT_2 \sim VT_5$ 为复合管准互补对称电路,用作输出级;$VD_1 \sim VD_3$ 的作用则是为 $VT_2 \sim VT_5$ 管提供静态小电流偏置,用来克服信号的交越失真。R_{15} 和 R_{17} 用来减小复合管的穿透电流,以提高它们的温度稳定性。R_{18} 和 R_{19} 为电流负反馈元件,其作用是稳定电路的工作性能。该级的输入信号从 A_2 的同相端输入,其目的是提高输入电阻。而输出端则通过 R_{20}、R_8 和 C_{12} 构成交流电压串联负反馈,其作用是稳定输出电压、减小非线性失真,并改善放大器的其他性能指标。

图 8-1　带音调控制的音频放大器原理电路

此外,由 C_2 和 R_7、C_{10} 和 R_9、R_{11} 和 C_{16}、C_{13} 和 C_{15} 组成了去耦滤波电路,可以有效地消除低频自激振荡和滤除高频干扰。

2. 整机电路框图

整机电路框图如图 8-1(e)所示。音调控制电路的工作原理如下。

图 8-2(a)所示为音调控制电路，由 RC 音调控制网络和基本运算放大器 A_1 组成。输入信号经 C_4 分为两路送到 A_1 的反相输入端：一路经由 R_3、C_5、R_{P2} 和 R_1；另一路经由 R_{P3}、R_6 和 C_6。

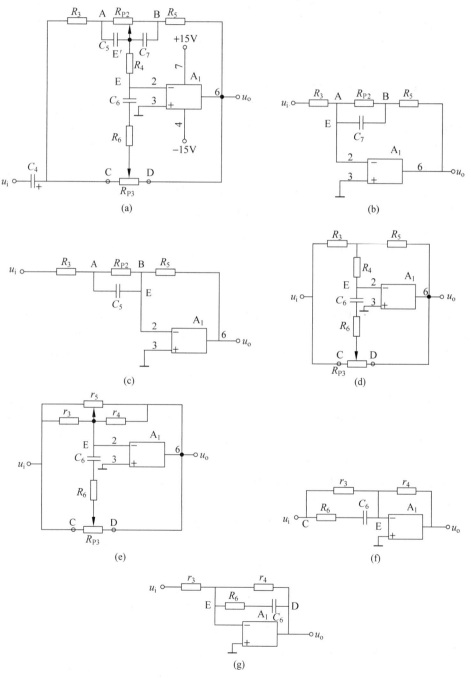

图 8-2　音频控制电路

（1）低音控制原理

在图 8-2(a)所示电路中，R_{P2} 为低音控制电位器，当输入信号为低频和中频时，由于 C_6 容量很小，可视为开路；若调节 R_{P3}，使其阻值很大，则 R_{P3} 也可视为开路；又因为运算放大器 A_1 的输入阻抗很高，R_4 的阻值也可忽略不计。

当 R_{P2} 的动端移到 A 点时，C_5 被短路。此时，音调控制电路可简化为图 8-2(b)的形式。由图 8-2(b)可见，当信号频率下降时，C_7 的容抗变大，对 R_{P2} 的旁路作用减小，反馈量增大，电路增益提高。当频率下降到 C_7 可视为开路时，电路放大倍数为 $(R_{P2}+R_5)/R_3=32.3$。当信号频率升高时，C_7 的容抗减小，电路增益减低。当频率上升到 C_7 可视为短路时，电路放大倍数为 $R_5/R_3=1$。

由此可见，当 R_{P2} 的活动触头调到 A 点时，低频信号得以提升。

当 R_{P2} 的动端调至 B 点时，C_7 被短路，中、低频电路可简化为图 8-2(c)的形式。当信号频率下降时，C_5 的容抗随频率下降而增大，对 R_{P2} 的旁路作用减小。当频率下降到 C_5 相当于开路时，低频增益为 $R_5/(R_3+R_{P2})=0.03$；反之当信号频率上升到 C_5 可视为短路时，中频电压增益为 $R_5/R_3=1$。

由此可见，当 R_{P2} 活动触头调至 B 点时，低频信号被衰减了。

综上所述，调节低音控制电位器 R_{P2} 的活动端，可实现低音控制。

（2）高音控制原理

在图 8-2(a)所示电路中，R_{P3} 为高音控制电位器。由于 C_5 和 C_7 的容量大于 C_6，高频时 C_5、C_7 可视为短路，其高频等效电路如图 8-2(d)所示。若再将丫形接法的 R_3、R_4 和 R_5 变换为△接法，电路如图 8-2(e)所示，其中 $r_3=r_4=r_5=3R_3=45\text{k}\Omega$。

由于输入级为源级跟随器，其输出电阻 r_1 很低，且远小于 r_5，因此 r_5 可视为开路。当 R_{P3} 的动端移到 C 点时，R_{P3} 阻值很大，可视为开路，其等效电路如图 8-2(f)所示。此时，若输入信号的频率升高，C_6 的容抗减小。当频率上升到 C_6 可视为短路时，高频信号电压增益为 $1+r_4/R_6=31$。反之，当信号频率下降时，C_6 的容抗增大。当频率下降到 C_6 可视为开路时，中频电压增益为 $r_4/r_3=1$。

由此可见，高音控制电位器 R_{P3} 的动端调到 C 点时，高频信号得以提升。当 R_{P3} 的动端移到 D 点时，其等效电路如图 8-2(g)所示。不难看出，随着信号频率的增加，C_6 的容抗减小，当其值为零时，高频信号增益为 $(r_4/\!/R_6)/r_3=0.032$。而当信号频率下降时，C_6 的容抗增大，当容抗增大到可视为开路时，中频电压增益为 $r_4/r_3=1$。

由此可见，高音控制电位器 R_{P3} 的动端调至 D 点时，高频信号被衰减了。

综上所述，调节高音控制电位器 R_{P3} 的活动端，可实现高音控制。

习　　题

8.1　图 8-3 所示为实现模拟计算的电路，试简述其电路原理。

8.2　图 8-4 所示为反馈式稳幅电路，其功能是：当输入电压变化时，输出电压基本不变。主要技术指标为：输入电压波动 20% 时，输出电压波动小于 0.1%；输入信号频率从 50～2000Hz 变化时，输出电压波动小于 0.1%；负载电阻从 10kΩ 变为 5kΩ 时，输出

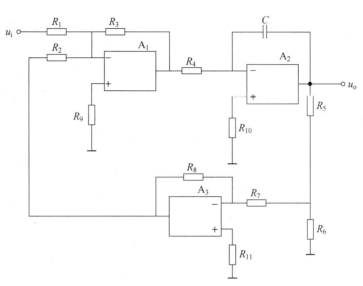

图 8-3　习题 8.1 图

电压波动小于 0.1%。要求：

　　（1）以每个集成运放为核心器件，说明各部分电路的功能。

　　（2）用方框图表明各部分电路之间的相互关系。

　　（3）简述电路的工作原理。

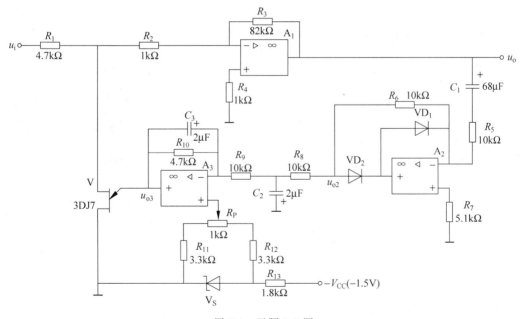

图 8-4　习题 8.2 图

8.3　直流稳压电源如图 8-5 所示。要求：

（1）用方框图描述电路各部分的功能及相互之间的关系。

图 8-5 习题 8.3 图

（2）已知 W117 的输出端和调整端之间的电压为 1.25V，3 端电流可忽略不计，求解输出电压 U_{o1} 和 U_{o2} 的调节范围，并说明为什么称该电源为"跟踪电源"？

8.4   如图 8-6 所示，为多种波形产生电路，它主要由四个运放组成，能产生方波、三角波和正弦波输出，试分析：

（1）IC_a、IC_b、IC_c 分别与周围元件组成什么电路？

（2）分析各单元电路的原理及信号波形。

图 8-6 习题 8.4 图

Multisim 仿真软件

1. Multisim 简介

Multisim 是 Interactive Image Technologies(Electronics Workbench)公司推出的以 Windows 为基础的板级仿真工具,适用于模拟/数字线路板的设计,该工具在一种程序中汇总了框图输入、Spice 仿真、HDL 设计输入和仿真及其他设计能力,可以协同仿真 Spice、Verilog 和 VHDL,并把 RF 设计模块添加到成套工具的一些版本中。

Multisim 是一个完整的设计工具系统,提供了一个非常大的零件数据库,并提供原理图输入接口、全部的数模 Spice 仿真功能、VHDL/Verilog 设计接口与仿真功能、FPGA/CPLD 综合、RF 设计能力和后处理功能,还可以进行从原理图到 PCB 布线工具包(如 Electronics Workbench 的 Ultiboard)的无缝数据传输。它提供的单一易用的图形输入接口可以满足用户的设计需求。

Multisim 最突出的特点之一是用户界面友好,尤其是多种可放置到设计电路中的虚拟仪表很有特色。这些虚拟表主要包括示波器、万用表、瓦特表、函数发生器、波特图图示仪、失真度分析仪、频谱分析仪、逻辑分析仪和网络分析仪等,从而使电路仿真分析操作更符合电子工作技术人员的实验工作习惯,与目前某些 EDA 工作的电路仿真模块相比,可以说 Multisim 模块设计得更完美,更具人性化设计特色。实际上,Multisim 模块是将虚拟仪表的形式与 SPICE 中的不同仿真分析内容有机地结合,如电路中某个节点接"示波器",就是告诉程序要对该节点处理信号进行瞬态分析,接"万用表"就是进行直流工作点分析,接"函数发生器"就是设计一个 SPICE 源,接"波特图图示仪"就是进行交流小信号分析,接"频谱分析仪"就是进行快速傅立叶分析。

完整 Multisim 工具包括学生版、教育版、个人版、专业版、超级专业版等多种版本,可以适用于不同的应用场合。尤其是其教育版具有功能强大和价格低廉的特点,特别适合高校 EDA 教学使用。

2. Multisim 界面介绍

(1) 基本元素,Multisim 用户界面如附图 A-1 所示。

(2) 设计工具栏,如附图 A-2 所示。

设计是 Multisim 的核心部分,使用户能容易地运行程序所提供的各种复杂功能。

附图 A-1

附图 A-2

设计工具栏指导用户按部就班地进行电路的建立、仿真、分析并最终输出设计数据。虽然菜单中可以执行设计功能,设计工具栏进行电路设计更方便易用。

零件设计按钮(Component):默认显示,这是进行电路设计的第一个逻辑步骤,往电路窗口中放置零件。

零件编辑器按钮(Component Editor):用以调整或增加零件。

仪表按钮(Instruments):用于给电路添加仪表或观察仿真结果。

仿真按钮(Simulate):用以开始、暂停或结束电路仿真。

分析按钮(Analysis):用以选择要进行的分析。

后处理器按钮(Postprocessor):用以对仿真结果进一步处理。

VHDL/Verilog 按钮:用以使用 HDL 模型进行设计(不是所有版本都具备)。

报告按钮(Reports):用以打印有关电路的报告(材料清单、零件列表)。

传输按钮(Transfer):用以与其他程序通信,比如与 Ultiboard 通信。也可以将仿真结果输出到 MathCAD 或 Excel 等应用程序中。

(3) 虚拟仪表的使用指南,如附图 A-3 所示。

虚拟仪表是 Multisim 最实用的功能之一,也是它的重要特色。Electronics Workbench 的虚拟仪表与实际的仪表相似,操作方式也一样。Multisim 教育版提供了包括数字万用表、函数发生器、示波器、波特图图示仪、字信号发生器、逻辑分析仪、逻辑转换

附图　A-3

器、瓦特表、失真度分析仪、网络分析仪、频谱分析仪共 11 种虚拟仪表,还允许在同一个仿真电路中调用多台相同仪器。

数字多用表(Multimeter):可以测量电压、电阻、电流的三用表。在使用之前,需要双击符号开启数字多用表面板进行设定,如附图 A-4 所示。

函数发生器(Function Generator):电子实验室里最常用的测试信号源,Multisim 所提供的函数信号发生器可以产生正弦波、三角波及方波三种信号,并可以设置占空比和偏置电压。在要使用之前,需要双击符号开启函数发生器面板进行设定,如附图 A-5 所示。

瓦特表(Wattmeter):测量功率的仪表,Multisim 所提供的瓦特表不仅可以测量交直流功率,而且还可以同时提供功率因数。在要使用之前,需要双击符号开启瓦特表面板进行设定,如附图 A-6 所示。

附图　A-4　　　　　　　附图　A-5　　　　　　　附图　A-6

示波器(Oscilloscope):电类相关实验中最主要的测量仪器,Multisim 所提供的示波器的功能及各项指标均远高于我们所见到的真实示波器。示波器信号波形显示的颜色由 A、B 两端点的连线颜色决定,在要使用之前,需要双击符号开启示波器面板进行设定和观察,如附图 A-7 所示。

波特图图示仪(Bode Plotter):一种测量和显示幅频和相频特性曲线的仪表,是交流分析的重要工具,可以用来替代实际电路测量中常用的扫频仪等仪器。应该注意在使用波特图图示仪时必须在系统的信号输入端连接一个交流信号源或函数信号发生器,此信号源由波特图图示仪自行控制,不需要设置。在使用之前,需要双击符号开启波特图图示仪面板进行设定和观察,如附图 A-8 所示。

字信号发生器(Word Generator):Multisim 数字电路实验中用来产生逻辑信号的测试信号源。字信号发生器内有一个最大可达 0400H 的可编程 32 位数据区,可以根据数据区中的数据按一定的触发方式、速度、循环方式等向外发送 32 位逻辑信号。在使用之前,需要双击符号开启波特图图示仪面板进行设定和观察,如附图 A-9 所示。

附图　A-7

附图　A-8

附图　A-9

　　▇逻辑分析仪(Logic Analyzer)：数字电路实验中非常有效的测试仪器，Multisim 所提供的逻辑分析仪可以同时测量和分析 16 路逻辑信号。在逻辑分析仪左边有 16 个端点是 1~16 逻辑信号输入端可以连接至测试电路的输出端，下面还有 3 个端点，外部时钟信号输入端 C，时钟控制信号输入端 Q，触发控制信号输入端 T。在使用逻辑分析仪之前，需要先双击逻辑分析仪符号开启逻辑分析仪面板进行设定和观察，如附图 A-10 所示。

附图　A-10

　　 逻辑转换器(Logic Converter)：Multisim 特有的数字虚拟仪器，使用逻辑转换器将使逻辑电路设计更容易方便。逻辑转换器符号左边有 A～H 共 8 个端点连接逻辑电路输入端，右边有 1 个端点连接逻辑电路输出端。在使用逻辑转换器前，需要先双击逻辑转换器开启逻辑转换器面板输入数据和选择功能，如附图 A-11 所示。

附图　A-11

　　失真度分析仪(Distortion Analyzer)：模拟电路实验中测量信号失真度的仪表，常用于测量小失真度低频信号，Multisim 提供的失真度分析仪频率范围为 20Hz～20kHz。失真度分析仪只有一个端点连接电路测试点，在使用之前，需要先双击失真度分析仪符号开启失真度分析仪面板进行设定和观察，如附图 A-12 所示。

　　频谱分析仪(Spectrum Analyzer)：用来对信号进行频域分析的仪器，频谱分析仪主要功能在于测量输入信号的强度与频率，广泛用于测量调制波的频谱、正弦信号的纯度和稳定性、放大器的非线性失真、信号分析与故障诊断等许多方面。Multisim 提供的频谱分析频率上限可达 4GHz，频谱分析仪只有两个端点，端点 IN 连接电路测试点，端点 T 连接外触发信号，在使用之前，需要先双击频谱分析仪符号开启频谱分析仪面板进行设定和观察，如附图 A-13 所示。

附图　A-12

附图　A-13

　　网络分析仪(Network Analyzer):一种用来分析电路中双端网络的仪器,它可以测量电子电路及元件的特性,如衰减速器、放大器、混频器、功率分配器等。通过测量电路网络,我们可以了解所设计的电路或元件是否符合规格,如滤波器是否可以滤掉我们不要的谐波? 放大是否把我们要放大的信号放大? Multisim 提供的网络分析仪可以测量电路的 S 参数并计算出 H、Y、Z 参数。网络分析仪只有两个端点,端点 IN 连接电路测试点,端点 T 连接外触发信号。Multisim 提供的网络分析仪的功能和操作与 HP 的真实网络分析仪很接近,在使用前,需要先双击网络分析仪符号开启网络分析仪面板进行设定和观察,如附图 A-14 所示。

附图　A-14

3. Multisim 在电路仿真中的应用

实验：共射极单管放大器(模拟电路)。

(1) 实验目的

① 熟悉 Multisim 仿真软件的使用方法。

② 学会放大器静态工作点的调试方法及其对放大性能的影响。

③ 掌握放大器电压放大倍数、输入电阻、输出电阻及最大不失真输入电压的测试方法。

④ 学习放大器的动态性能。

(2) 实验仿真电路和仿真结果

仿真电路图如附图 A-15 所示，在调试好静态工作点后，再在放大器输入端加入频率为 1kHz 的正弦信号 u_i，调节函数信号发生器使 $u_i = 10\text{mV}$ 在波形不失真条件下的仿真结果，其仿真结果如附图 A-16 所示。

附图 A-15　共射极单管放大器电路图

附图 A-16　共射极单管放大器仿真结果

半导体分立器件型号命名方法

附表 B-1

（国家标准 GB 249—2017）

第一部分		第二部分		第三部分		第四部分	第五部分
用阿拉伯数字表示器件的电极数目		用汉语拼音字母表示器件的材料和极性		用汉语拼音字母表示器件的类别		用阿拉伯数字表示顺序号	用汉语拼音字母表示规格号
符号	意义	符号	意义	符号	意义		
2	二极管	A B C D E	N 型，锗材料 P 型，锗材料 N 型，硅材料 P 型，硅材料 化合物或合金材料	P H V W C Z L S K N F	小信号管 混频管 检波管 电压调整管和电压基准管 变容管 整流管 整流堆 隧道管 开关管 噪声管 限幅管		
3	三极管	A B C D E	PNP 型，锗材料 NPN 型，锗材料 PNP 型，硅材料 NPN 型，硅材料 化合物或合金材料	X	低频小功率晶体管（截止频率<3MHz，耗散功率<1W）		
示例				G	高频小功率晶体管（截止频率≥3MHz，耗散功率<1W）		
				D	低频大功率晶体管（截止频率<3MHz，耗散功率≥1W）		
				A	高频大功率晶体管（截止频率≥3MHz，耗散功率≥1W）		
				T Y B J	闸流管 体效应管 雪崩管 阶跃恢复管		

```
3    A    G    I    B
│    │    │    │    └── 规格号
│    │    │    └────── 顺序号
│    │    └────────── 高频小功率晶体管
│    └─────────────── PNP 型，锗材料
└──────────────────── 三极管
```

常用半导体分立器件的参数

1. 二极管

附表 C-1

参数	最大整流电流	最大整流电流时的正向压降	反向工作峰值电压
符号	I_{OM}	U_F	U_{RWM}
单位	mA	V	V
2AP1	16		20
2AP2	16		30
2AP3	25		30
2AP4	16	$\leqslant 1.2$	50
2AP5	16		75
2AP6	12		100
2AP7	12		100
2CZ52A			25
2CZ52B			50
2CZ52C			100
2CZ52D	100	$\leqslant 1$	200
2CZ52E			300
2CZ52F			400
2CZ52G			500
2CZ52H			600
2CZ55A			25
2CZ55B			50
2CZ55C			100
2CZ55D	1000	$\leqslant 1$	200
2CZ55E			300
2CZ55F			400
2CZ55G			500
2CZ55H			600
2CZ56A			25
2CZ56B			50
2CZ56C			100
2CZ56D	3000	$\leqslant 0.8$	200
2CZ56E			300
2CZ56F			400
2CZ56G			500
2CZ56H			600

（型号）

2. 稳压二极管

附表 C-2

参数	稳定电压	稳定电流	耗散功率	最大稳定电流	动态电阻
符号	U_Z	I_Z	P_Z	I_{ZM}	r_Z
单位	V	mA	mW	mA	Ω
测试条件	工作电流 等于稳定电流	工作电压 等于稳定电压	$-60\sim$ $+50℃$	$-60\sim$ $+50℃$	工作电流 等于稳定电流
型号 2CW52	3.2~4.5	10	250	55	≤70
2CW53	4~5.8	10	250	41	≤50
2CW54	5.5~6.5	10	250	38	≤30
2CW55	6.2~7.5	10	250	33	≤15
2CW56	7~8.8	10	250	27	≤15
2CW57	8.5~9.5	5	250	26	≤20
2CW58	9.2~10.5	5	250	23	≤25
2CW59	10~11.8	5	250	20	≤30
2CW60	11.5~12.5	5	250	19	≤40
2CW61	12.2~14	3	250	16	≤50
2DW230	5.8~6.6	10	200	30	≤25
2DW231	5.8~6.6	10	200	30	≤15
2DW232	6~6.5	10	200	30	≤10

半导体集成器件型号命名方法

附表 D-1

（国家标准 GB 3430—1989）

第零部分		第一部分		第二部分	第三部分		第四部分	
用字母表示器件符合国家标准		用字母表示器件的类型		用阿拉伯数字表示器件的系列和品种代号	用字母表示器件的工作温度范围		用字母表示器件的封装	
符号	意义	符号	意义		符号	意义	符号	意义
		T	TTL		C	0～70℃	F	多层陶瓷扁平
		H	HTL		G	−25～70℃	B	塑料扁平
		E	ECL		L	−25～85℃	H	黑瓷扁平
		C	CMOS		E	−40～85℃	D	多层陶瓷双列直插
		M	存储器		R	−55～85℃	J	黑瓷双列直插
C	符合国家标准	F	线性放大器		M	−55～125℃	P	塑料双列直插
		W	稳压器				S	塑料单列直插
		B	非线性电路				K	金属菱形
		J	接口电路				T	金属圆形
		AD	A/D 转换器				C	陶瓷片状载体
		DA	D/A 转换器				E	塑料片状载体
							G	网格阵列

示例

```
C   F   741   C   T ┬── 金属圆形封装
                     ├── 工作温度为 0~70℃
                     ├── 通用型运算放大器
                     ├── 线性放大器
                     └── 符合国家标准
```

常用半导体集成电路的参数和符号

1. 运算放大器

附表 E-1

参　数	符号	单位	型　号					
			F007	F101	8FC2	CF118	CF725	CF747M
最大电源电压	U_S	V	± 22	± 22	± 22	± 20	± 22	± 22
差模开环电压放大倍数	$A_{\mu 0}$	80dB	$\geqslant 88$dB		3×10^4	2×10^5	3×10^6	2×10^5
输入失调电压	U_{IO}	mV	$2\sim 10$	$3\sim 5$	$\leqslant 3$	2	0.5	1
输入失调电流	I_{IO}	nA	$100\sim 300$	$20\sim 200$	$\leqslant 100$			
输入偏置电流	I_{IB}	nA	500	$150\sim 500$		120	42	80
共模输入电压范围	U_{ICR}	V	± 15			± 11.5	± 14	
共模抑制比	K_{CMR}	dB	$\geqslant 70$	$\geqslant 80$	$\geqslant 80$	$\geqslant 80$	120	90
最大输出电压	U_{OPP}	V	± 13	± 14	± 12		± 13.5	
静态功率	P_D	mW	$\leqslant 120$	$\leqslant 60$	150		80	

2. W7800 系列和 W7900 系列集成稳压器

附表 E-2

参数名称	符号	单位	7805	7815	7820	7905	7915	7920
输出电压	U_o	V	$5\pm 5\%$	$15\pm 5\%$	$20\pm 5\%$	$-5\pm 5\%$	$-15\pm 5\%$	$-20\pm 5\%$
输入电压	U_i	V	10	23	28	-10	-23	-28
电压最大调整率	S_U	mV	50	150	200	50	150	200
静态工作电流	I_O	mA	6	6	6	6	6	6
输出电压温漂	S_T	mV/℃	0.6	1.8	2.5	-0.4	-0.9	-1
最小输入电压	U_{imin}	V	7.5	17.5	22.5	-7	-17	-22
最大输入电压	U_{imax}	V	35	35	35	-35	-35	-35
最大输出电压	I_{omax}	A	1.5	1.5	1.5	1.5	1.5	1.5

模拟电子技术基础（第2版）

◎ 重应用，淡化公式推导
◎ 针对重难点内容配套仿真或动画
◎ 配套电子课件、习题参考答案
◎ 附综合测试卷2套

教 学 服 务　　　　　清华大学出版社

ISBN 978-7-302-61291-9

9 787302 612919 >

定价：39.00元

官方微信号